在爱情里遇见美好的自己

冯志普 编著

南京出版传媒集团
南京出版社

图书在版编目（CIP）数据

在爱情里遇见美好的自己 / 冯志普编著.—南京：南京出版社，2018.1

ISBN 978-7-5533-2034-2

Ⅰ. ①在… Ⅱ. ①冯… Ⅲ. ①人生哲学－通俗读物 Ⅳ. ①B821-49

中国版本图书馆CIP数据核字（2017）第292843号

书　　名：在爱情里遇见美好的自己
作　　者：冯志普
出版发行：南京出版传媒集团
南 京 出 版 社

社　　址：南京市太平门街53号　**邮　　编**：210016
网　　址：http://www.njcbs.cn　**电子信箱**：njcbs1988@163.com
天猫1店：https://njcbcmjtts.tmall.com/　**天猫2店**：https://nanjingchubanshets.tmall.com/
联系电话：025-83283893、83283864（营销）025-83112257（编务）

出 版 人：朱同芳
出 品 人：卢海鸣
责任编辑：金　欣
装帧设计：何　琳
责任印制：杨福彬

策　　划：日知图书（www.rzbook.com）
印　　刷：北京佳诚信缘彩印有限公司
开　　本：787毫米×1092毫米　1/32
印　　张：4
字　　数：100千字
版　　次：2018年1月第1版
印　　次：2018年1月第1次印刷
书　　号：ISBN 978-7-5533-2034-2
定　　价：16.80元

营销分类：励志

前言
Foreword

“在天愿作比翼鸟，在地愿为连理枝。”

“愿得一人心，白首不相离。”

“一生中有许多相遇/最快乐的相遇是认识了你/一生中有许多过错/最痛心的过错是失去了你……”

爱情，是人世间最美的情愫。古往今来，有多少文人墨客为之纵情吟咏，又有多少痴情男女为情所困、为爱痴狂？梁祝化蝶的凄美，孟姜女哭倒长城的悲壮，白蛇与许仙的千古佳话，牛郎织女银河两端的痴情相望……那一个个凄美的爱情神话，打动了多少人的心，又让多少人憧憬与向往？

爱情，永远是人们乐此不疲的话题，在我们的生命中占据着举足轻重的位置，因为它不但可以丰富我们的生命，璀璨我们的人生，更重要的是可以令我们成为更好的自己！

一家小型超市的售货员，因一场美丽的网恋，重拾了少年时期的文学梦。问其为什么会华丽逆袭，答曰，只因相恋时对方说过喜欢看她写的文字，于是她便选择了坚持，而这一坚持就是8年。8年，她从一个只会写写碎片化文字的小女人，变成小有名气的副刊写手，而那份美丽的爱恋，其实仅仅陪伴了她一个春天，便在一场意外中灰飞烟灭了。而今，每当提及那场网恋，她都满心感激，她说，虽然对方给她的爱情太短，短得犹如昙花一现，却让她成就了最好的自己！

当然，也并非每一份爱情带给我们的都是美好，有时也会带来伤痛，会让我们的内心充满迷茫，甚至悲伤和绝望，尤其是很多年轻的朋友，在经历过情感的创伤以后，就再也不敢相信爱情了。其实，这并非因为爱情本身不美好，或不再美好了，而是因为我们不懂爱情的经营之道，才使得原本美丽的爱情变得不如人意，甚至面目全非。

每当提起爱情，我们或许首先想到的就是花前月下的浪漫，醉人心田的誓言，卿卿我我的甜蜜，牵手到老的陪伴，却忘了爱情也要食人间烟火，婚姻更离不开柴米油盐，所以，当我们憧憬中的完美爱情与残酷的现实碰撞到一起，不免会让我们对爱情产生怀疑。其实，爱情本身并没有错，错的是我们自己还没有足够的智慧，去经营和驾驭我们的爱情。所谓爱情，是两个凡人因为爱走在了一起，尽管彼此之间有爱，但当不同的习惯、不同的性格、不同的观念、不同的认知发生碰撞时，就难免会有磕磕绊绊，会有矛盾纷争，这时爱情里的双方就需要互相理解和包容了，如若此时两人都不懂得适当的妥协和让步，只知道指责和为难对方，那这份爱情就失去了原有的美好与和谐，变得岌岌可危了，因为你在为难对方的同时，也在为难着你们的爱情，而你如果愿意低头成全对方，岂不是也成全了你的爱情？所以说，遇见爱情，需要缘分，而经营爱情，则需要智慧了。

唯愿天下有情人终成眷属，执子之手，与子偕老！

目录
Contents

Part 01

最好的爱情，是让你能做更好的自己

有人说，爱一个人不是因为你是谁，而是跟你在一起时我是谁。爱情如甘霖，滋养我们的身心，让我们变成更好的人。爱情，让我们于平淡中窥见了神奇，于凡常中品出了真味，更重要的是，在漫漫人生旅途中，照见了那个内心深处一直想成为的自己。

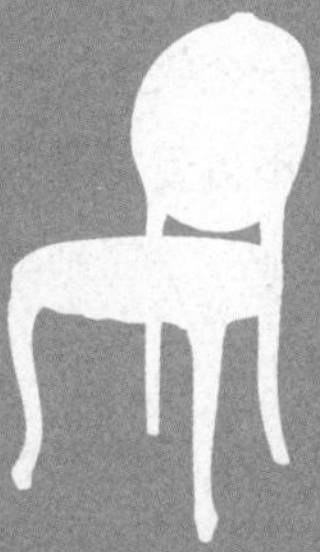

01

勇敢面对“不爱”这个事实

她在一次活动中认识了做歌手的他，两人一见钟情，自然而然发展成了一对亲密恋人。

于是，不到一个月的时间，他们便幸福地同居了。他喜欢她的温柔，她喜欢他的体贴，两人情投意合，把日子过得柔情蜜意。

然而，半年后，她发现他变了，不再像以前那样对她柔声细语，而是呼来喝去，而且她为他做的每一件事，好像都再也不能令他满意。刚开始，她以为是他出去演出太累，心情不好所致，于是，她便加倍对他好。然而，无论她怎样全心全意地对他，他都很难再给她一个笑脸。他对她的冷漠与苛求，令她开始怀疑他是不是已经不再爱她了，可她始终没有勇气问出口，因为，她怕他真会给她一个让她绝望的答案，她是那样的爱他，她无法想象没有他的日子，自己该怎样熬下去。

尽管她是那样小心翼翼地呵护着他们的爱情，但令她最为害怕的事情还是来了！有一天，他向她提出分手，且给出了一个冠冕堂皇的理由："我现在没有能力给你好的生活，不忍心让你跟着我受苦，所以，我们还是分手吧。"

听了他的分手理由，她感动万分。原来，他最近之所以对她不好，并非不爱她，而是不忍让她跟着他受苦！其实，她何曾嫌弃过他的贫？只要能够和他在一起，哪怕是吃糠咽菜，哪怕是露宿街头，她都心甘情愿！想到这里，她满含深情地对他说："有你爱我就足够！只要能和你在一起，再苦再难我都心甘情愿！"

她以为，自己的深情表白能够挽回他的爱，没想到他依然摇头，并又给出一个分手理由："我没房没车没存款，你的父母也一直反对我们在一起，我不想让你在中间为难，看到你委屈，我会很难过。"她急急解释道："你放心，我会做通我父母的思想工作，只要你对我好，他们一定会答应我们在一起的。"说完，她满怀期待地望着他。

她天真地以为，只要她扫平了他们爱情路上的一切障碍，他们的爱情便能美好如初。没想到他依然铁了心地要分手："我是一个有梦想的人，我一定要在音乐的道路上出人头地。可自从我们在一起，我的压力很大，感觉不但失去了自我，前途也变得很渺茫，所以为了我的梦想，也为了你以后的幸福，我们还是好聚好散吧。"说这番话时，他始终看着远方，连瞧都不瞧她一眼。

他的话令她愕然，他的表情更令她心痛。她没有想到，自己全心全意的爱，反倒成了他的负累，而他那一脸决绝的表情，也终于让她明白了，原来，他找的N个分手理由，其实都是借口，而真正的分手理由，只是不爱了！

看着执意要走的他，她再也没有挽留，因为她知道，当爱已成往事，再多的挽留也是枉然，无非是赔了深情，丢了尊严，与其如此受辱，不如优雅地转身离开。

爱的箴言

如果对方深爱着你，没有任何借口能成为他放弃的理由，如果对方已不爱，任何理由都能成为对方离开的借口。所以说，没有任何障碍可以阻挡得了追逐爱情的脚步，除非，爱已不在！

学会爱之前，先学会爱自己

3年前，22岁的她同许多追梦人一样，做了激情澎湃的北漂族。

到北京不久，她便凭自己的实力，在一家广告公司站住了脚。在那里，她认识了他，一个刚刚结束了8年恋情的北方男人。当时的他情绪极为低落，也正是他眉目间所流露出的那份忧郁，深深地吸引了她。于是，她总是有意无意地接近他，取悦他。她的热情和怜惜对于一个刚失恋的男人来说，无疑是一副很好的疗伤药。随后，他们自然而然成了一对恋人。

虽然有10岁的年龄差距，但他们却爱得真挚而甜蜜。他总是对她说，如果没有她的出现，他都不知自己应该怎样度过那段难挨的时光，所以在他心里，她就是上天赐给他的爱情天使，他会一辈子守护着她，直到终老。听着他情意绵绵的爱情许诺，她笑而不语，心里却像喝了蜜一样甜。

那段时间，她每天幸福得跟朵花儿似的，走在大马路上都能不由自主地笑出声来，那种感觉好美、好甜。

可这样的幸福并没有持续多久。半年后的一天，他突然提出了分手，理由是前女友回来找他，而他，自然还没有割舍下那段8年的恋情。那一刻，她体会到了什么叫痛彻心扉，看着满脸内疚却语气坚定的他，她知道他们的爱情已经走到了尽头。可她还是不甘心，想用甜蜜的曾经挽回他，而他最终还是给了她一个决绝的背影。看着他的身影渐行渐远，她无力地瘫坐在地上，那一瞬间，她感觉自己就像一个爱情乞丐。

他走了，带走了所有的幸福和快乐，也带走了她的阳光与自信。她每天做得最多的一件事，就是在回忆里重温他们曾经的点点滴滴。记得有一次她开玩笑地问他："假如给你一个美女和才女，你会做如何选择？"他不假思索地回答："当然是美女啊，自古英雄爱美人嘛。"每当想到他的这句话，她都有种想哭的感觉，或许这也是他如此决绝的原因吧，如若自己拥有傲人的姿色，他还会离开得如此彻底吗？因此，她总是潜意识地把他的离开归咎于自己没有他前女友漂亮。也正因为如此，自从他走后，她每天都在极度颓废和自卑中度过。

一次偶然，她邂逅了一位多年不见的老同学。闲聊之中，她跟同学讲起了自己与他的故事，述说中除了对他的离去耿耿于怀，更多的是处处表露出对自己的不满，比如，自己不够漂亮，不够出色，所以才没有留住他的资本。

朋友静静地听完，没做任何评论，只是用平和的语气给她讲起了自己与妻子的故事。在朋友的叙述里，句句都流露着真情，点滴都洋溢着幸福。她听完，用很羡慕的语气问朋友：

“你老婆一定是个大美女吧？”朋友微微一笑：“不，论容貌，或许她连小美女都算不上。”“那她一定很出色。”她无比笃定地说。朋友依然摇头：“她只是一个寻常小女子，但在我心里，她却是无人能及。”见她满脸疑惑，朋友笑道：“你一定很奇怪吧，知道为什么吗？那是因为爱！当一个人真心爱你，你在对方心里的位置便无人能及。所以说，他的离开并不是因为你不够好，而是因为不够爱。为一个并不爱你的人如此作践自己，你觉得值得吗？一个渴望爱的人，首先应该爱自己，如果连你自己都不爱自己，凭什么要别人来爱你？”

朋友的话让她如梦方醒。原来他的离开，不是因为她不好，而是因为不够爱！或许自始至终，她只是充当了他爱情的备胎。于是，她终于明白，她不应该再为一份失去的缘分自暴自弃，而是应重拾原本阳光而自信的自己，以最美的姿态，去迎接生命中的真爱。

爱的箴言

真正的爱都是从首先学会爱自己开始的，当你真正爱自己的时候，才不会自我迷失，才不会被逝去的爱裹挟，才能真正接纳也许不够完美但是却与众不同的自己。

爱情需要呵护，不应用来考验

在单亲家庭中长大的她从小就缺乏安全感，特别是当第一段感情因对方的背叛而结束后，她内心的不安感更是多了起来，同时，也对爱情产生了质疑。

一年后，她迎来了第二段爱情。那是个各方面都很出色的大男孩儿，对她更是百依百顺、疼爱有加。按理说，有这样一位把自己视如珍宝的男友，她应该感到幸福才对，但事实非然，他对她越好，她的心里就越担忧，总害怕现男友终有一天也会离开自己。于是，她决定考验他一下，看他是否真的爱自己。

那天他去找她。她很认真地问他："你到底爱不爱我？"他被问得莫名其妙，随后很坚定地回答："我当然爱你了，否则，怎么会跟你在一起？"没想到她顺手指向窗户："如果你真的爱我，就从这里跳下去，否则，就说明你并不爱我。"闻听此言，他有些愕然，随后明白了她的用意，他知道她在爱情里受过伤，为了证明自己的爱，更为了能让她安心，他便义无反顾地走向窗台，而后毫不犹豫地纵身一跃，从三楼跳了下去。眼睁睁地看他真跳了下去，她瞬间傻了眼，而后疯了似的跑下楼。幸亏他跳下时，正好落在了一楼人家阳台的棉被上，所幸只是两根脚骨骨折，并无生命之忧。她抱着他哭得泪流满面，怨他为何那么傻，说其实她只是想考验他一下，并不是真心要他跳下去。他强忍着钻心的疼痛，无限疼惜地把她揽入怀中："如果能够打消你的顾虑，我愿意一跃。只是，请你以后不要再怀疑我对你的爱，好吗？"她泣不成声地连连点头。他甚至愿意用生命去向她证明爱情，她还有什么理由去怀疑？

跳楼风波以后，他们的确幸福了一阵子。可过了不久，她又忍不住怀疑他是否真的爱自己，便决定再考验他一下。这次她想到的方法更绝：她先去药店买来一整瓶安眠药，随后拍下照片，发到他的手机上，并附言她已对人生绝望，要离开这个世界。做完这一切，她便关了手机，睡起了大觉。正在开会的他看到她发来的微信，吓得要死，赶紧拨打了110和120，而后以最快的速度赶回家中。可想而知，这次她让他颜面尽失。当他用自带的钥匙打开门，看到她安然无恙地躺在床上睡觉时，气得愤然离去。而他的离去不但没让她自我反省，反而使她更加怀疑他对自己的爱。

"自杀"事件后，虽然在她的软磨硬泡下，他们再一次和好，可随后她像着了魔一般，再也停不下考验他的脚步，又想出种种方法试探他。最终，忍无可忍的他提出了分手。

直到此时她才意识到，自己的种种考验已经深深地伤害了

他，也击碎了他们之间的爱情。此时此刻，关于他的好，就像过电影儿似的在她脑海里一幕幕闪现，她知道是自己的一再怀疑、一再考验，终于让他在这段爱情里死了心，也终于明白自己的所作所为是多么不应该。于是，她再一次放下身段，诚恳地向他道歉，希望他能够原谅自己，并挽留他们的爱情，希望他不要放手。而面对她的一再道歉和挽留，他心里却再也生不起爱怜和疼惜，他告诉她，如今，这份爱情他再也消受不起，原本他是想用自己的真心帮她走出曾经的阴影，所以无论她怎样无理取闹，他都选择忍受和包容，可他没想到，自己一次次的包容非但没使她走出以往的伤痛，反而把他们之间的爱情带进了万丈深渊，如今他真的累了，所以决定放手这份爱情。最后他告诉她，爱情是用来经营的，而不是用来考验的，所以，希望她能够在下一段的感情中，且行且珍惜。

望着他决绝离去的背影，她欲哭无泪，追悔莫及。

是啊，正如他所说，爱情是用来经营的，而不是用来折腾的，当对方的耐心在你一次次的考验中消耗殆尽，这份爱情也就走到了终点。

爱的箴言

爱情需要用心珍惜，发自真心地去呵护它，而那些用尽手段的考验，以为会赢得死心塌地的爱情，殊不知这样的考验反而把爱情推得更远，因为没有人能承受这样沉重的爱情枷锁。

因为不够爱，所以更轻易放弃

他和她一个天南，一个地北，偶然通过网络相识。短短一个月，她便被他的成熟和睿智彻底征服，尽管有着数千里之遥的距离，甚至还有着十几岁的年龄差距，可这些，都不能妨碍她爱他，而她的青春貌美、聪慧可爱，自然也令他心动不已。

然而，他们的爱情却遭到了她父母的坚决反对。父母无法接受她的男友是一个与他们年龄相仿的男人，更何况对方不但离过婚、带着一个孩子，且没车没房，生活极为拮据。在他们看来，女儿这是摆明了要往火坑里跳，他们当然要极力阻止。而她却坚定地认为，一切外在因素和他们之间的爱情相比，都显得那么微不足道。所以，为了自己的幸福，她甚至不惜与父母闹翻。

然而，令她意想不到的是，当她偷偷背着父母办齐了所有结婚需要的相关材料，兴冲冲来到他的小城找他时，他却神秘地失踪了。那段时间，她找遍了所有能想到的地方，动用了所有能想到的联系方式去找他，他却像人间蒸发了一样，再没了任何消息。朋友们都劝她就此放弃，说就冲他临阵逃脱，就是个不可依赖的人，没准就是个感情骗子，根本不值得她如此痴情。而她，却听不进朋友对他任何负面的评判，她始终坚信，他的突然消失一定有着他情非得已的苦衷，所以，她一定要找到他，她要告诉他，任何人、任何事都拆不散他们的爱情，她要和他结婚，白首不相离。

可3个月过去了，他依然杳无音讯。情急之下，她找到一家电视寻人栏目，想通过媒体寻找他，并满怀憧憬要在节目现场向他求婚。当主持人问她，在她们当地，女孩子找男朋友的基本标准是什么。她说，首先，男方要帅，其次要有房有车，还要有不菲的收入，因为这都是婚后稳定生活的必要因素。听了她的回答，主持人很是惊诧："你所说的以上条件，你的男友哪个都达不到，你为什么还会选择他，并如此一往情深？"她羞涩一笑："因为爱情！当你爱上一个人时，其他的一切都不重要了，你会觉得，只要能跟他在一起，便是最大的幸福。"主持人被她的真情打动，并告诉她，栏目组已经帮她找到了男友。闻听此言，她喜极而泣。然而，令所有人唏嘘不已的是，面对她的一片痴情，男友虽然也不止一次动容，却最终还是说要放手。随后，他说出了之所以放手的N个理由，比如，他在意她父母的态度，他在意女儿的感受，他在意他们之间十几岁的年龄差距……尽管她一再表明，这些都不是问题，她会和他一起去面对，去解决，可他却始终摇头。他说她太单纯，把问题想得太过于简单，他说他不想因为他让她与自己的父母闹翻，更不想让她在中间为难，他说他的放手也是为了她好。说完这些，他决绝地离开了。看着他头也不回的背影，她泪如泉涌，并一再表示，无论如何，她依然会等他，直到他回头。

她的痴心感动了所有人，唯独没有感动他，没有感动他们之间的爱情。

看得出，他也是爱她的，可比起她爱他，他的爱逊色了许多。他说她单纯，其实他哪里知道，她的单纯只是因为太爱他，爱到在她的心里他最大，爱到把所有的困难都不当困难，把所有的障碍都不当障碍，所以她坚强，所以她坚持，所以她义无反顾！而他最终的放弃，哪怕真的是为她考虑，哪怕所有的理由听起来都无可非议，其实归根结底，只是因为爱得不够而已，因为他考虑到了方方面面，却唯独没有考虑到她。

爱的箴言

当一份爱情不够坚定的时候，任何一个微不足道的困难，都会变成一个横在爱情面前的借口，让人退缩、轻易地放弃，关于爱情的所有美好幻觉，都会破灭在这种不坚定的关系中。

爱情没有回头路

他和她大一就开始谈恋爱。

毕业后，她兴高采烈地领他去见自己的父母，没想到他们的恋情却遭到父母的一致反对，理由是他只是一个一无所有的外地人，根本给不了她幸福。在父母的坚决反对下，缺乏主见的她选择了屈服。当她向他提出分手时，他瞬间惊在原地，随后不顾尊严地一再恳求她留下，他说让她再给他3年的时间，3年后，他一定会为她争取到她想要的一切。可她最终还是不顾他的苦苦哀求和信誓旦旦的承诺，决绝地弃他而去。

其实，她仍然一如既往地爱着他，可她不想让父母生气，更何况，父母说的话也不无道理，爱情的确不能当饭吃。

与他分手后的最初一段时日，她的日子并不好过，因为他们毕竟有着四年的感情，不是说放下就能放下的。很多时候，她甚至后悔自己当初的决定，因为她的心告诉她，离开他，自己并不快乐。后来，在母亲的安排下，她也相了几次亲，可每次，她都会拿对方与他相比，比来比去，总觉得还是他更好。

于是，她的每次相亲都以失败而告终。

转眼3年过去了，她也慢慢从那份感情中走了出来，并有了一个新男友，两个人甚至已经开始谈婚论嫁了。她想，过去的已然过去，自己还是要开始新生活的。所以，在遇到一个各方面都还不错的男孩儿时，她决定把自己嫁掉。可就在此时，前男友却以她新上司的身份出现，并在工作上和生活中对她处处关心。他的事业有成，他的无微不至，让她以为他依然爱着她，于是，那份早已被自己冰封的感情又开始复苏。当通过一段时间的观察，她确定他还没有女朋友时，她决定向他表白。

为了表明自己的真心，她精心策划了一场生日宴会，并打算在生日宴上当着众多朋友的面向他吐露心迹。那天，她邀请了很多两个人共同的好友，把自己打扮得漂漂亮亮，幸福地等着他的出现，等着那激动人心的时刻。

他终于来了，可他并不是一个人来，身边还依偎着一个娇小可爱的女孩儿，她顷刻间傻在那里。只见他从容地向每一位朋友介绍："这是我的未婚妻，以后请大家多多关照。"她发疯似的扑向他："为什么要这样对我，你既然有女朋友，为什么不告诉我，为什么还要处处关心我？"他淡然地推开她："我对你所有的关心只不过是上司对下属应有的关心，我们的感情早在你三年前转身时已经结束。"她不甘地辩解："当初是我太小没主见，可你知道吗？这三年来其实我一直在后悔，希望你能再给我一次机会，让我们重新开始，好吗？"他微微一笑："当初你那么决绝地抛弃我，现在又有什么资格要我回头？更何况，我现在已经有了深爱的未婚妻，下个月我们就要结婚了，到时希望你能参加我们的婚礼。"说完，他和未婚妻深情相望。

看着他一脸幸福的样子，她心如刀绞。也终于明白，原来，爱情在你决定放手的那一刻，就再也没有了回头路。

爱的箴言

有的时候，当你想要放弃一段感情，在这个想法产生的时候，就已经失去了它。当你回头再去追的时候，发现早已物是人非，所以在爱情可以把握的时候，应该好好珍惜，不要等到失去以后才发现拥有的快乐。

爱，就别为难对方

他和她是来自两个不同城市的北漂族，后来相识并相恋。

相恋的时光是美好的，特别是对身处异乡的他们来说，这份爱情显得尤为温暖和珍贵。

一年后，他们决定步入婚姻殿堂。可就在此时，俩人因为买婚房的事儿出现了分歧。

她要求他必须买一套三室一厅的大房子，说这样她就可以把老家的父母接过来一起住，好方便她照顾年迈的双亲。她说她的家在偏僻的小山村，因为从小家庭条件不好，父母宁愿事事委屈自己，也尽可能满足她的每一个要求。这些年含辛茹苦地把自己养大，并供自己上了大学，真的是太不易了。所以，为了报答父母的养育之恩，她希望能给两位老人一个幸福安逸的晚年。

他能理解她的一片孝心，可现实是他根本没能力去买大房子。大学毕业来北京打拼了几年，也没攒下几个钱，现在北京的房价那么高，就算买个一室一厅的小户型，也要靠家里的资

助才可以。于是，他试图说服她改变主意，说现在自己的确没有能力买大房子，可以先买套小户型的做婚房，等经济条件允许了，再换一个大一点的，到时再把她的父母接过来尽孝也是一样的。然而，面对他入情入理的说辞，她却没有丝毫商量的余地，甚至给他下了最后通牒，要么让他家里人出钱给他们买一套大房子，要么两个人就分道扬镳。

她的要求不但为难了他，更惹怒了他的家人。本来他的父母对这个准儿媳百分百满意，可通过这件事情，他家人对她的看法有了很大的转变。他家里条件并不好，他父亲做了一辈子的建筑工，攒下的积蓄也就够给儿子买个小房子，他们实在没有能力再去举债给他们买大房子。所以，父母建议他，实在不行就只有分手了。而此时的他，也对他们之间的爱产生了怀疑，他不理解她为什么不能理解和体谅自己，她明知道不是他不想给她买，而是实在是没有能力，可她依旧苦苦相逼，她的做法让他对她的爱大打折扣，再加上家里人的一致反对，他和她的爱情终以分手而告终。

很显然，分手并不是她想要的结果，她的本意也只是想去尽孝，却不曾考虑过他的能力和感受，从而导致了这样的后果。其实，她始终不明白一个道理，爱情是不能讲条件的，掺杂了任何附加条件的爱情都会大打折扣，更何况这个条件还为难了对方？所以，千万不要为难你的爱情，那样，换来的有可能是一世情殇。

爱的箴言

为难爱情，就是为难自己，爱情有时候很简单，你情我愿便是一生，有时又很复杂，一点点生活的冲击，说散就散了。所以，爱情里别人的观点不重要，外在的客观条件也不重要，重要的是自己的心。

幸福不会在原处等你

他和她相识在异地他乡。那年他24岁，她20岁，他喜欢她的清秀可爱，她喜欢他的帅气体贴。短短的一个月，他们便走进了热恋，而后就像所有年轻人一样，自然而然地搬进了同一个出租屋。直到她怀孕以后，两人才想起应该告知双方的家人。

她的父母得知她找了个没房没车的外地人，对她大发雷霆，甚至威胁她打掉孩子离开他，理由是一穷二白的他绝对给不了她幸福，所以长痛不如短痛。面对父母的阻挠，她没有妥协，她说只要他爱她就够了，房子和车子又给不了她爱情。而父母却说结婚就是过日子，没钱日子怎么过？她生气地吼道，你们真低俗！父母终究没拗过她，黯然地答应了这门亲事。

那年的春节，他们在他的老家简单摆了几桌酒席，宴请了一些至亲好友，就算是结婚了。新婚之夜，他内疚地发誓，尽管现在他没法给她一个体面的婚礼，但一定会给她一个幸福的未来，她依偎在他怀中，笑得像花儿似的说，有你足够。

婚后，他们去了她老家的城市发展。先是开了一家小型的服装店，后来生意不好，他们转了店面，她去了一家私企上班，他则去尝试着做饮品的代理，每天起早贪黑找客户、拉单子。几年下来，生活并没有因为他们的勤奋有所改变，他们依然住着租来的房子，女儿依然上着普通的幼儿园，她甚至连一件心仪的衣服都舍不得买……慢慢地，她的心里滋生了幽怨的情绪，特别是看到周边的女友们都过着无忧无虑的生活，她的心有了某种失落和对现状的不满，而此时再看这个自己曾经深爱的男人，所有的光环都在逐渐消退，她突然明白，原来父母当初的反对是对的，爱情真当不了饭吃啊！

于是，她开始有意无意地对他嫌这嫌那，每天都会没事找事制造一些小别扭。他明白她是因为自己没能给她优质的生活才气儿不顺，所以，面对她的无理取闹，他通常能忍就忍，能让就让。但他的迁就与包容并没有让她感动，相反她把这也看成是他无能的表现，于是越发看他不顺眼。而每当此时，他总会告诉她，让她再耐心等一下，迟早他会让她过上想要的生活。

然而，她并没有等他去实现自己的承诺，就在婚后的第五个年头，她狠心丢下他和年幼的女儿，投进了另一个男人的怀抱。她知道这个男人是个有妇之夫，但这又有什么关系呢？至少他有大把的钱满足自己的欲望，跟着他想要什么就有什么，更重要的是，男人许诺她会离婚，而后给她一个体面的婚礼。

当她把离婚协议甩在他面前时，他面如死灰，心如刀绞，为了他们死去的爱情，更为了即将破碎的家……可他还企图挽回，甚至想拿旧日的情分换取她的回心转意，但她并不为之所动，说，还是趁早儿散了吧，你给不了我想要的幸福。后来她一次次提出离婚，看他一直不同意，就干脆离家出走。一年后，身心疲惫的他终于同意了签字，她满心欢喜地回来和他办了离婚证，走出民政局的那一刻，她仿佛看到了自己今后的日子定将阳光灿烂。

而离婚后的他却万籁俱寂，仿佛没有了任何奋斗的动力，于是就把女儿送回了老家，让母亲看管，自己则留在那座伤心的城市。那段时间，心烦的他经常泡在网上，看新闻，玩儿游戏，与陌生人闲聊……他希望在虚拟的网络里寻求一种释放。就在此时，另一个女人从网中走来，闯入了他的生活，女人也是离异，现在一人在外面打拼，所以，她说他现在的心情她感同身受。女人的理解与温情就像一支火把，让他在黑暗中看到了光亮。半年之后，两个同病相怜的人深深相爱了。那段时间，他仿佛又找回了曾经的自己，以一种最旺盛的精力和良好的状态投入了工作。终于，他的业绩有了突飞猛进的进展。

就在他们谈婚论嫁的时候，前妻又回来找他，哭着说自己被那个男人抛弃了，原来那个大款自始至终只是想玩玩儿而已，从来就没想过要离婚。在残酷的现实面前，她终于清醒地意识到，其实一个体贴的老公，一个乖巧的女儿，一个温馨的家，才是她最想要的幸福！悔恨交加的她希望他能原谅她，就算为了女儿，能不能考虑重新接受她。他听了她的哭诉，虽然心还是有点疼，却不容置疑地拒绝了，他说他曾经给过她一年的机会，但她没有回头，如今他们已经没有回头路了。她说自己毕竟是女儿的亲妈啊，这个世界上没有哪个女人会比她更爱女儿了，求他看在女儿的份上，再给她一次机会，她一定会好好珍惜。他听了之后，内心很是漠然：别再说你是女儿的亲妈了，当初离开的时候，你怎么就没想过做妈妈的责任呢？

她愕然！当初为了去寻找所谓的幸福，不惜让婚姻和女儿一起充当了她欲望的牺牲品，如今，她有什么资格要求他原谅和重新接纳？

她终于明白，那份被自己遗弃的幸福，她再也无法重新拥有。

爱的箴言

错过的爱情，再努力唤回，也已经不是最初的模样。放手有时候是另一种得到，在爱情里，优雅地转身，比抱着势在必得的企图去占有，更是一种智慧。

不做爱情的影子

她和他相识在美丽的云南丽江。

彼时，她是丽江一家旅行社的导游，而他则因刚刚失恋，从苏州飞来丽江散心。初见他时，她便被他满脸的忧郁气质所吸引，而在得知他来丽江散心的缘由后，更是对他有一种说不出的怜惜。于是，闲暇时她总是耐心地开导他，鼓励他早日走出失恋的伤痛。而他似乎也在这样的关怀下对她逐渐心生好感。就这样，一段看似美丽的爱情故事拉开了序幕。

半个月后，他结束旅行飞回了苏州。

毋庸置疑，异地恋是件很辛苦的事情。于是，在他走后的第二个月，承受不住思念煎熬的她，毅然辞掉了工作，飞到了他的城市。

她的到来无疑让他很是开心。从此，他的出租屋便成了他们温暖的小家。她刚到苏州时，人生地不熟，一时很难找到工作，他豪情万丈地告诉她："以后我来负责挣钱养家，你只管负责貌美如花就行了。"这样动人的情话自然让她满心欢喜。

然而，幸福并没有持续多久，一次偶然的发现，击碎了她的梦。那天她不经意地翻看他的手机，发现一个相貌酷似自己的女孩儿依偎在他的怀抱中笑靥如花。当她好奇地问女孩儿是谁时，他支支吾吾不肯说，后来在她一再追问下他终于承认，那个女孩儿便是他前女友。看着照片上那个与自己如此神似的女孩儿，再想想他当初对自己的“一见钟情”，她心里突然间有了一种异样的感觉。

随后发生的种种，验证了她的猜测：她发现他还和前女友秘密联系着；平时无论她做什么事，他总会拿她与前女友做比较，比来比去，她都不如他前女友做得好；夜深人静时，他会久久盯着前女友的照片发呆；甚至有一次趁她出差，他把前女友领回了他们的家……她终于明白，原来，他之所以会对她“一见钟情”，只因她像极了他的前女友，他和她在一起，也只是把她当成了前女友的影子！明白真相的那一刻，她欲哭无泪，难道自己在这份爱情里，只是充当了别人的影子吗？她不甘心，更不愿意相信，而后来发生的事，让她彻底死了心。

那是他们在一起之后的第一个情人节，他陪她出去逛街，在一家金店里她看上了一条标价5000元的金项链，他却以价钱太贵拒绝给她买。虽然她满心委屈，但想想两个人的生活都要靠他一个人的工资去承担，也就没说什么。然而，几天后的一个上午，她在家整理房间时，却意外地在床头柜里翻出一个精美的首饰盒，打开一看更是惊喜万分，原来那是一条价值几万元的钻石项链，比她之前看上的那条漂亮多了！她想，一定是他偷偷买来准备给她一个惊喜的。这样想着，她便满心欢喜地戴上项链，并柔情万种地给他打电话，让他早点回家吃饭。随后她飞奔到菜市场，买回来各种他喜欢吃的蔬菜和海鲜，做了满满一大桌子菜，而后精心打扮一番，等他回家。

然而，令她万万没有想到的是，当他进门看到她脖子上的项链时，却大发雷霆，甚至用侮辱性的语言吼道：“你没有资格戴这条项链，赶快给我摘下来！”她瞬间呆住了，她没有想到自己的满心憧憬居然是这样的结局！更让她难以接受的是，原来这条项链是之前他买来准备送给前女友的，可还没等他送出去，对方就提出了分手。得知真相的那一刻，她终于看清了自己在这段所谓爱情中的位置，而那句“你没有资格戴这条项链！”更是彻底寒了她的心，这分明是告诉她，自己在他心中的位置远远比不上他的前女友！于是她明白，这份所谓的爱情该结束了。

当她默默收拾东西准备离开时，或许他知道自己的话有些过分，便极力挽留她。她很平静地告诉他：“我当初之所以飞蛾扑火般地来找你，是因为我以为这里有一份美好的爱情在等着我，但没想到我的一片痴情原来只是一厢情愿！我那么用心地爱着你，而你只把我当成了别人的影子！既然我已经看清了自己在这份爱情里的位置，就没有理由再让这份悲哀继续下去。”说完，她拉上行李，决然离去。

坐在开往机场的出租车上，看着窗外这个即将离别的美丽城市，她的心里没有任何依恋，相反，却有一种从未有过的轻松感。是啊，在这场爱情里，她自始至终只是一个备胎，幸好她明白得还不算晚。22岁，一个美丽的年龄，她要告别影子爱情，重回丽江那个美丽的城市，而后，会以一种美丽的心情姿态，开始下一段美丽爱情！

爱的箴言

爱情不是等价交易，不是我爱你，我用尽全力去迎合你，你也会以此深情待我，如果世间爱情都是如此，那岂不是太容易了。爱情里的悲伤，如果一定盯着看，这些苦痛也会施加于自己身上。因而，不如干脆以快乐欢愉的心境去面对。与其选择在爱情中悲伤疼痛，倒不如让自己忘却那些爱情的伤楚，与爱情的伤痛和解也告别。

没有人愿意做备胎

她原本有一段刻骨铭心的初恋，却随着男友的出国宣告结束。

那段时日是她生命中最黑暗的日子，一直沉浸在失恋的伤痛里难以自拔。她也在怀疑自己以后还怎么去相信爱情？

就在此时，他从网络中走来，给她安慰和鼓励，也带给她非常多的温暖。在他的耐心开导下，她的心情逐渐好转，他们也从网上走进现实，相约见了面。他高大俊朗的外形让她心生喜欢，而他的温柔体贴又能安抚她的伤痛，所以当他深情款款地提出让她做自己的女友时，她不假思索地答应了。

现男友来自四季如春的海南，而她却在气候寒冷的东北，因为他们各自都有着固定工作，所以相见也是件很奢侈的事情。她与初恋男友就是因为异地才分开，按说她应该更加畏惧和排斥异地恋，而此时的她却有一种固执的赌气心理，她就是想证明给别人看，异地恋也能修成正果。

随后的日子里，新任男友一如既往对她疼爱有加。虽然相隔千山万水，男友却清楚地记得每一个节日，并及时为她送上祝福和价值不菲的节日礼物；她的生日到了，他会不动声色地提前请假飞来给她意外的惊喜；遇到她心情不佳时，他更是千方百计逗她开心……男友的关怀备至、体贴入微的确让她感动万分，她也想让自己在这份爱情里一心一意。可不知怎么，总会在某个不确定的时刻，她还是会想起初恋，想起初恋时那种撕心裂肺的伤痛依然不减当初。于是，她还是会把自己的心事发在朋友圈，以此来宣泄自己对初恋的不舍与思念，为了不让现男友看到自己的动态，她还煞费苦心地对他的微信进行了选择性屏蔽。

就这样，一晃两年过去了，按说他们的爱情也到了开花结果的时候，可当男友向她提出两人该去见见双方父母，并把结婚事宜提上日程时，她却以各种理由推脱。其实只有她自己清楚，她还不想走入婚姻，因为她内心深处还是无法放下初恋。

直到有一天，男友突然向她提出了分手，理由是感觉不到她的爱，因为她从来不记得他的生日，他生病时她也不会嘘寒问暖，甚至当他故意告诉她自己晚上会和一位女同事进餐时，她也是一副无所谓的态度……她的冷漠彻底寒了他的心。

看着他受伤的表情，听着他的控诉，她才豁然明白，两年来，她只是习惯了拿他疗伤，却从来没有给过他任何温暖。她为自己的自私感到羞愧，而想想两年来他对自己的好，更是心生不舍，于是企图挽回这份感情。可面对她的苦苦挽留，他却没有半点迟疑："我爱你，直到现在也深爱着你，可你的种种表现，分明告诉我你根本不爱我，你只是把我当成了疗伤工具，或者说是一个备胎，但爱情里没有人愿意做备胎的！两年来，你只知道在前一段感情里沉醉不醒，却从来没想过我已经在这份感情里遍体鳞伤。现在的我终于明白，无论我做得有多好，也永远赶不上你的初恋，所以，我只能选择放手，祝你幸福吧。"说完，男友不顾她的泪水涟涟，离开了她。

爱的箴言

爱情里，没有人愿意做备胎，当一份爱情里只有一方的一厢情愿，永远得不到对方的回应，迟早会累的，累了自然就会放手。

主动久了，会累的

她和他是大学同学。大二那年他开始追她，对她可谓呵护备至、唯命是从，他的真心感动了她，两人最终成了恋人。

大学毕业后，为了爱情，他们选择在同一座城市发展，他应聘到一家酒吧做调酒师，她则在一家美容店做化妆师。工作之余，两人相约一起逛街、吃饭，很有浪漫情调，不用说，这样的恋情是她想要的。

然而，幸福却因为他工作的调整戛然而止。那是工作半年后，他的工作由白班改成了夜班，两个人再也很难约在一起出去。很多时候，当她下班兴冲冲地去找他，他却睡眼蒙眬地告诉她，自己上了一夜的班，困得要死，想多睡会。看着他疲惫的样子，她虽然失落，却还是很体贴和理解他，让他多休息。

正因为两人见面的机会少了，令她更渴望与他在一起。他每周有一天休息日，她总会兴高采烈地约他出去，“咱们今天去逛街吧？”“咱们今天去看电影吧？”“咱们今天出去吃大闸蟹吧？”而他回应她的，永远都是累、困、想休息。想想两人曾经的甜蜜，再看看他如今冷若冰霜的脸，她欲哭无泪。

一天，她因工作上出了点问题被顾客骂，被老板苛责。无限委屈的她便打电话约他出来吃饭，目的是想对他倾诉一番，以得到一点安慰。令她意想不到的是，他一落座就开始玩手机，直到她点完菜，他头都不抬一下，那时的她除了委屈，更多的是心寒。她还是忍不住把工作中的委屈对他倾诉了，然而，在她整个倾诉的过程中，他只是一个劲儿地“嗯、哦、啊”，眼睛却始终没有离开手机屏，气急败坏的她夺下他的手机，与他大吵一架，然后两人不欢而散。

更令她气恼的是，好不容易盼来了五一黄金周，她和他提前多少天都商定好了去青海旅行。去看海是她一直以来的梦想，她做梦都想看一下“海天城一色”的壮观景色。所以，提前几天她就定好了机票，收拾好了行李。五一那天一大早她便收拾停当去了机场，她想，或许他早就到了呢，想到马上就要开始的快乐旅行，她的心里乐开了花。可到了机场，她并没有看到他的身影，左等右等还不见他来，眼看着离飞机起飞只剩下半小时了，她便焦急地打电话问他到哪儿了，电话那头却传来他睡意未消的声音。原来，他头天晚上玩游戏到凌晨四点，直到她打电话时，他还在做梦。所以那次旅行变成了她一个人的旅行。

还有一次她发烧到40度，与她合租的室友那天正好加班不在，浑身疼痛难耐的她给他打电话，希望他能赶来陪她去医院。可电话接通以后，他却告诉她，他的一位朋友家里有事请他帮忙，实在是走不开。撂下电话她心如死灰，她不明白，在这份爱情里，不知从何时起，一直都是她在主动，每次都是她主动联系他，主动为他付出，而他却很少回应。这样的一份爱情终于让她死了心。

第二天，她把他约在了他们第一次去的那间咖啡厅，而后平静地提出分手。他吃惊地望着她："为什么？我们明明相爱，为什么要分开？""我们还相爱吗？如果你还爱我，好不容易的一次约会却宁愿玩游戏都不愿理我？如果你还爱我，说好的旅行怎么会爽约？如果你还爱我，怎么会对生病的我无动于衷？你不觉得，你所做的一切都在告诉我，你对我早已没了爱？在这份爱情里，我主动太久了，真的很累，而最终令我死心的是，我的主动居然没有回应，这样的一份爱情我还留着何用？"说完，她转身而去。爱情是两个人的事，如果每次都是一方主动，那么迟早也会累的。

爱的箴言

爱情的可贵在于双方的平等互赏，在于我向你发出呼喊的时候，你深情回应于我，而不至于让我所有的关怀都如跌入黑洞。所以，爱情应该是流动的，如若一方单方面地退出爱情，另一方竭力的付出也势单力薄。

Part 02

以爱之名，保养爱情

爱情需要用心经营，用相互的尊重和新上来保养，同样也需要顺其自然，掌握其中的分寸。学着去珍惜和欣赏眼前人，便是最深情的一种“经营”。

02

爱情，从告白开始

她和他相识时，她正处在最美好的豆蔻年华，而他，已接近而立之年。

彼时，她和他的妹妹是高中最要好的同学。高一那年暑假，她随他的妹妹去他家玩，他盛情招待，给她留下了极好的印象。

令她意想不到的是，从此，每当他去学校看妹妹，总会带上两份同样的礼物，一份给妹妹，一份给她。刚开始她是拒绝的，可他却说，于他而言，她和自己妹妹一样，都是妹妹，所以，哥哥关心妹妹很正常。见他说得情真意切，她也就盛情难却了。时间长了，她也在心里把他当成了自己的哥哥，所以对于他的照顾，也就理所当然地照单全收了。而他对她这一照顾就是3年。

3年后，她和他妹妹双双高考落榜，也都不准备再复读。考虑到工作难找，待遇还低，便商量着俩人一起创业，权衡再三，她们决定做餐饮行业，而创业资金由他来出，她和他妹妹只管经营即可。就这样，她们的饭店开业了，刚开始效益还算可以，半年后却开始赔钱，眼看着支撑不下去了，她觉得愧对于他，便选择了不辞而别，只身去了千里之外的城市打工。之后的一年多里，她都没和他再联系，而就在这段时间，她认识了一个本地男孩儿，陷入了热恋并决定走入婚姻，考虑到和她妹妹是闺蜜，她便把自己要结婚的消息告知了他妹妹。结婚那天，她收到了他委托妹妹带来的一个大大的红包和一声“祝你幸福”，而在此之前，她已经从他妹妹那里，知道他一直喜欢自己，对于这份感情，她也早有察觉，只是这么多年他没有明确表白，她也假装糊涂而已。如今，随着她和另一个男人的一纸婚约，她明白，她和他的缘分此生仅限于兄妹了。所以他没在她婚礼上出现，她能理解。

婚后的生活还算可以，她与丈夫恩恩爱爱，也便把他抛在了脑后。直到儿子一岁多时，丈夫染上了毒瘾并一发不可收拾，甚至经常对她实施家暴，看不到希望的她毅然决然地选择了离婚，为了

争到儿子的抚养权，她放弃了一切，选择了净身出户。可当真走出民政局，想想自己现在的一无所有，想想未来日子里要面临的凄风苦雨，她茫然了。她是个传统的女人，不想因为自己的离婚让父母在那个封闭的小山村抬不起头，所以，她有家不能归。就在走投无路之时，唯有他的号码深深地记在她的脑海里，无助的她最终拨出了那个熟悉的号码。当那边想起了久违的一声“喂，是小妹吗？”她的眼泪瞬间决堤。随后，她语无伦次地向他倾诉自己的不幸遭遇。没等她说完，他斩钉截铁地对她说：“小妹不怕，过来找我，天大的事老哥给你顶着！”因为他的一句话，她去了他的城市。那时的他看起来很忙，忙于生意和应酬，但还是抽出时间为她租了房子，添置了家具，给了她一个无比温暖的小窝儿。

从此，他会隔三岔五地来看她、看孩子，给她买各种生活必需品，给孩子买各种高档玩具。在很多外人看来，他们就是幸福的三口之家，只有他俩知道，其实，他们只是连手都没有牵过的“兄妹”而已。他们就这样心照不宣地相处着，她知道他还爱着她，听她妹妹说，这些年他甚至为了她拒绝了很多女孩儿的追求和亲戚朋友们为他说媒，她知道他在等她，可他不表白，她也没有勇气捅破。平心而论，她也在这么多年的相处中深深地爱上了他，可现在的她离过婚，还带着孩子，而他还是那样的优秀，所以，她觉得自己早已配不上他。于是，两个有情人就这样彼此深深地爱着，却都沉默着，并小心翼翼地相处着。

直到有一天，他出了车祸，极为严重，右腿骨折，脖子无法自由转动。看到病床上躺着的他，她有一种揪心的疼。想想这些年他对自己的照顾，对儿子的照顾，她更是感激不尽。于是，为了表达自己的感激之情，她报名参加了一档电视栏目，想当面对他说声谢谢。

从两个人的叙述中，主持人读懂了两人都深深地爱着对方，却都一直没有勇气去表达，即便是此刻在台上，两人可以深情相望，可以互诉衷肠，却唯独不敢说出自己的爱，最后还是在主持人的一再“逼迫”下，他们才有勇气互相表达了爱意，并牵手成功。就这样，一份迟来了整整十年的爱，终于开花结果。

然而，虽然他们的结合是皆大欢喜，可他们因为羞涩而不敢言爱所浪费掉的十年大好年华，不能不令人惋惜。一个人能有几个十年去浪费？所以，在此奉劝天下有情人：如果爱，请表白！

爱的箴言

人生苦短，不经意就留下遗憾，遇到美丽风景就要好好看，遇到爱情就需要勇敢。大声说出自己的心声，给爱情一个机会，不要让自己的人生留下遗憾。

幸福没有模式

他一直认为他和她的婚姻是那个年代的牺牲品。

20世纪70年代，婚姻讲究父母之命，媒妁之言，他和她经人介绍相识了。当时他并没有看上她，她长相平平，最要命的是大字不识一个，他却是村里仅有的高中生，在当时那可算是文化人了，要不是家庭太贫困，离高考分数线只差2分的他又怎可能放弃复读，违心在村里的小学当个民办教师？他虽心比天高，无奈心强命不强。他本来不同意这桩婚事，母亲却告诉他说，好赖人家姑娘不嫌弃咱的贫，找媳妇儿就是居家过日子，能操持家会生娃就行，在农村认字有啥用？又不能当饭吃。他抬眼望望自己家那两间破陋不堪的土坯房，黯然认了命。

那年的春节，他和她草草结了婚，婚礼办得极其简陋。婚后四个儿女相继出生，他当民办教师每个月也就几十块的工资，她则在家耕田种地，操持家务，日子在拮据中继续。

尽管她样样行，干起地里的活儿比男人还卖力，把家里也收拾得清清爽爽，对他的父母更是孝顺得没话说，是整个村里口碑最好的媳妇儿，可他还是无法喜欢她，他心目中的老婆不是这个样子的，应该是举案齐眉，恩恩爱爱的那种，而不像她，只知道任劳任怨地做家里的一头牛，一点情趣都没有。特别是每当看到她在自己面前那一副唯唯诺诺小心谨慎的样子，他更是没了与她说话的欲望。

婚姻不顺，他唯能在事业中寻找自己的快乐和价值，于是他就拼命地工作。功夫不负有心人，他凭借自己的努力一步步往上升，从刚开始的民办教师，到副校长、校长、一直到乡教育办公室主任，迎着别人羡慕的目光，他一路爬了上来。其实他知道自己的每一分成果都有她的功劳，要不是她任劳任怨地操持家务，养儿育女，为他孝敬爹娘，他又怎么能有精力去实现自己的人生价值？这些，他都懂！在那些艰苦的岁月里，她始终默不作声地为他奉献着自己的一切，毫无怨言地背负起了一个家的重任，可以说，没有她的付出，就没有他的今天，这些，他也知！可他始终还是看不上她，更对她产生不了那种叫作爱情的东西！相处的几十年里，尽管他们从未红过脸，甚至还可以用相敬如宾来形容他们的婚姻，但，这并不是他想要的生活！

他以为他们会这样不痛不痒地过完这辈子。在他心里，其实这桩婚姻一直是他今生最大的缺憾，他向往书中所描述的那种相濡以沫的爱情，每当看到那种伉俪情深的文章，他的内心都会有一种很深的失落感，尽管老婆也够贤惠，儿女也很可爱，但他却一点都不满足。他想，以他的条件，他应该有更好的生活。所以，一直以来，他都把别人的婚姻当作幸福的模式，去仰视、去羡慕，但他知道，此生他是无福消受了，每每想到这些，他的心里就会徒增些许遗憾、些许不甘。

前年，他退休，四个儿女都学业有成，并陆续在大都市里安了家，于是，偌大的房子里只剩下他俩人。他们依旧没什么话可说，他每天自顾自地看报纸、看电视，要么就是练练书法，她则天天不厌其烦地做家务，要么就去邻居家串门拉家常。日子就这样在不咸不淡中流失，生活虽不充盈倒也安静。

然而，真应了“天有不测风云，人有旦夕祸福”那句老话，在他退休的第二年，得了突发性脑溢血，当他那高大的身躯在她面前轰然倒地，她吓得声音都变了调，直到他被闻声而来的邻居们送进了医院，她都没有停止啜泣。万幸的是由于抢救及时，他脱离了危险，却半身不遂了，右腿和右胳膊都不听使唤，说话也表达不清，除了她能够勉强辨别，其他人都听不明白。

半个月后，他出院了。儿女们急着回去上班，考虑到他的状况，就买了辆轮椅，并为他雇了个保姆，因为她毕竟年龄大了，要把他160斤重的身板扶上轮椅的确是件很困难的事。其实，她平时也只是让小保姆负责做饭和洗洗涮涮，伺候他的活儿她都尽力亲力亲为，她总说别人干

这些她不放心，他是她男人，所以她认为，谁都不会有她这般地尽心尽力。然而，她无微不至的照顾仿佛一点也减轻不了他的痛苦，生病后的他变得烦躁不堪，每每摸着自己毫无知觉的右腿，他都会气急败坏地狂叫不停，完全没了昔日的儒雅风范。此时的她明白，他是无法接受自己已经偏瘫的事实，要想让他走出来，就必须帮他重新站起来！

此后的日子里，她和小保姆每用轮椅把他推出家门，两个人搀扶着试图让他站起来学着走路。可无论他们怎么努力，他那条毫无知觉的腿都是原地不动。于是气馁的他又开始哇哇地狂叫不已，引得路人都投来诧异的目光。看到别人都用复杂的眼光看自己，他更是气急败坏，于是就用含糊不清的话语骂人，他骂她，也骂小保姆，甚至骂那些过往的路人，仿佛只有这样才能发泄心中的怨气。她默不作声地任由他去骂，依然很是轻柔地为他按摩那条不听使唤的腿。然而，没几天小保姆就提出了辞职，说本来做这种伺候人的工作就够窝心了，还要整天挨骂，所以不愿干了，她知道挽留没有用，只能无助地看着小保姆愤愤离去……后来接连换了几个保姆，没有一个能坚持一个月的，因为谁都忍受不了他的挑剔与谩骂。

好在经过一段时间的恢复锻炼，他总算能够吃力地站起来了，但右腿依然抬不起来。后来，她想了一个办法：在他的右脚上绑上一根绳子，绳子的另一端握在她的手上，他的腿无法抬起来，她就用绳子把它拽起来。就这样，每天的清晨和傍晚，她和保姆便搀扶着他沿着马路边锻炼，保姆搀着他的左胳膊，她就左手搀起他的右胳膊，右手拽着那根系在他右腿上的绳子，慢慢地，他能往前迈步了，从开始的两三米到后来的几百米，他每增加一段路她都会给予极大的鼓励。每一次锻炼下来，她都是气喘吁吁、汗流浃背，脸上却洋溢着开心的笑容。

她的话也渐渐地多了起来，和他说话就像哄个孩子。她说她知道自己配不上他，所以每天只能拼命干活，为他分担一切的力所能及，好让他全心全力打拼事业。她说这些年，她都把他当作偶像一样崇拜、仰视，这辈子能嫁给他是自己最大的福气！

听了她的话，他如鲠在喉，他没想到，一向不善言辞的她竟然能说出这样的一番话，他一直认为她是他婚姻里的遗憾，她却把他视为生命中的骄傲！其实这些天来，每当他看到一把年纪的她还要这样辛苦地照顾自己，心里就有一种说不出的内疚与温暖。这些年无休止的操劳，岁月的年轮在她的脸上刻下了一道道深深的印痕，她的面相看起来要比实际年龄显得更苍老一些。她跟他的时候，还是两条乌黑大辫子的妙龄少女，如今却是满头银发的老太太了……每当看到她的白发随风飘舞，他的眼泪都会忍不住想流下来。她把一辈子的时间都毫无怨言地给了他，他却好像从来没有珍惜过……于是，在不知不觉中，他看她的眼神也温柔了许多。

再后来，他慢慢好了起来，让她一个人搀扶着就可以走路了，吐字也逐渐清晰起来，虽然赶不上常人，但至少可以不用猜了。于是她就辞退了保姆，她说现在她一个人照顾他就行，这样还可以省去一部分开销，他们还可以无拘无束地聊聊天。说到这里，她的脸上洋溢着幸福的微笑。他看着她灿烂的脸，突然间发现她是那么的美，就连那一道道深深的皱纹里都放射出一种美的光芒！自己以前怎么就没有发现呢？她虽然从来都不算漂亮，但她有着很多内在的美，比如她的善良、她的大度、她的隐忍……他突然意识到，这么些年，其实那种叫作相濡以沫的感情一直在自己身边，只是他没有慧眼而已，守着幸福还在傻傻地追寻别人的幸福模式！如今，他终于懂得，其实所谓的幸福并不是非要去轰轰烈烈地相爱一场，相濡以沫的爱情也并非是一辈子的卿卿我我。其实平淡才是真，她这么多年与自己患难与共、不离不弃，这才是自己最应该珍惜的幸福啊！

他突然间很庆幸这一场大病，是它让自己明白了幸福的真谛，也找到了自己的幸福所在。原来幸福根本就没有什么固定的模式，就看你懂不懂用心去感知。他知道自己亏欠了她大半生，那么余生里，他将会用他的全部去偿还、去弥补……

爱的箴言

爱情是由微小的幸福组成的，它不宏大，也不轰轰烈烈，反而是平淡到生活的细枝末节里，简单的陪伴，温暖的呵护，不离不弃的照料，琐碎生活的一起担当，都是给爱情添加砝码的力量，只要用心去感知，就会发现爱情没有被生活吞没，而是一直在自己身边。

幸福不是晒给别人看的

她和他在一次旅途中相识相知并相恋。旅行结束后，他们也各自回到了自己所在的城市，从此像许多异地恋人一样，开始了两地相思的煎熬生活。

不知道是出于喜欢炫耀，还是女性的天性使然，他发现她特别喜欢把他们之间的甜蜜秀给别人看。比如他送给她的情人节礼物、他给她发的甜蜜短信、他为看她飞往她城市的机票、甚至他们之间的一个亲密瞬间，都无一例外地被她发在了朋友圈，并配上一段幸福的文字，晒给别人看。这还不算，她还要求他必须在下面为她逐一评论和点赞。刚开始，他还笑她的幼稚可爱，后来就有些不胜其烦了。

最令他感到不可思议的是，有一次，他正在单位上班，她拉着行李箱行色匆匆赶来。看着她一脸风尘仆仆、着急万分的样子，他吓坏了，以为她在工作或者生活上出了什么事，于是就急切地问她到底怎么了。而她给出的答案却令他十分无语。原来，她看见一位同事在朋友圈晒与男友的亲密合照，羡慕得

不得了，所以专门请假过来看他，也要与他拍一些亲密照片，好晒到朋友圈，让别人来见证他们的幸福甜蜜。他那天本来很忙，却不得不放下手中的工作陪她到处找景拍照，直到她心满意足离去，他已经累得筋疲力尽，心情也烦闷到极点。

更可气的是，有一次他正在家里与几位男性同事聚餐，穿着一件很普通的家居服。这时，她打电话来要求视频，他便顺从地答应了，可就在她看见他的第一眼便火冒三丈，原因只是因为他没有穿她给他买的那件熊二的睡衣，她声声质问他是不是因为不在乎她了，所以才不肯穿。他跟她解释说，熊二那件睡衣后面带着一个小尾巴，他在同事面前穿实在不雅。她却不依不饶，大有他不换上就绝不罢休的架势，万般无奈之下，他只好当着同事的面换上了她给他买的那件熊二的睡衣，她才算完事。而他却在同事们忍俊不禁的笑声中无地自容。更令他感到尴尬的是，从那以后，他在单位就有了“熊二”的绰号。

终于有一天，他向她提出了分手。她听了万分震惊：“我那么爱你，对你那么好，为什么要跟我分手？”他无奈地笑：“我知道你爱我，但这份爱我承受不起，更消受不了，你每天各种秀晒炫，我却得陪着团团转，实在太累了。”她听后无法理解：“我把咱们的幸福晒给别人看，让别人来分享咱们的快乐，这样有什么不好？”他摇头：“幸福不是晒给别人看的，而是要自己慢慢体会才好。我们真的不是一路人，还是分手吧。”说完，他头也不回地离去，只留下她一人傻站在原地。

爱的箴言

幸福不是晒给别人看的，与其把大把的时光和精力用来晒幸福，不如好好经营自己的爱情，愉悦自己的爱人，因为只有这样，你所拥有的幸福才会长长久久。

婚姻里，多念念对方的好

她和他相识于网络。彼时，他还是一名大三学子，而她则是一位闲置在家的富家女。随着网聊的深入，两人之间的感情也逐渐升温。后来他才得知，长相俊美的她其实是个袖珍人，个子只有1.25米。虽然她的身高让他感觉不可思议，但他还是被她的可爱和乐观所打动，并主动追求她。一开始她是拒绝的，虽然她打心眼里感到开心，但50厘米的身高差距让她对这份爱情没有底气。她的拒绝并没让他退缩，相反更让他勇往直前。她最终被他的执着感动，打消了所有顾虑，做了他的幸福女友。

大学毕业后，他拒绝了在读大学留校任教的邀请，也没有选择回老家，而是直接奔往她所在的城市。尽管在心里无数遍想象过她的样子，但当她真的站在面前时，他还是被吓了一跳，因为1.25米的个头听起来与看起来完全是两码事。但因为爱，他很快从心里接受并认可了她。

随后，他把她从大东北带回新疆去见自己的父母。如预料中的那样，他们的爱情遭到了他父母的强烈反对，父母甚至威胁他说，如果他非要和她在一起，就与他断绝关系。一边是生他养他的父母，一边是深爱的女友，这样的抉择太难选却又必须选，看看年过花甲的父母，再看看楚楚可怜的她，他二话没说，拉着她头也不回地离开了家。

没有父母的祝福，没有亲友的祝贺，更没有豪华的婚礼，他和她只是在一家小饭馆吃了碗面，就算是把婚结了。爱情浓时，一碗面都是满满的幸福。此后的数年，他拒绝她娘家提出的任何帮衬，一心想用自己的努力给她幸福。可是老天仿佛很会捉弄人，无论他再努力，他们的生活都在温饱线上挣扎，尤其是女儿出生后，生活更是时常陷入入不敷出的困顿状态。

刚开始有爱，她并没有太多怨言。但随着生活琐事的增多，经济的越发拮据，她便开始对他嫌这嫌那、哀怨满腔。他知道她是富家女出身，能愿意跟着自己过居无定所的生活已实属不易，所以，无论她怎样埋怨与苛责，他都选择隐忍。

一旦心中有了怨，于对方便会有了气，她愈加对他看不上眼。无论他做什么，她都认为是错的：她嫌他挣钱少，嫌他教育女儿的方式不对，嫌他对自己不够体贴……怨气多了，伤人的话也就多了，她动不动就说他不像个男人，甚至最后吵着离婚。

为了挽救他们的婚姻，他报名参加了一档调解栏目。听完他们的故事，调解员们都被他们的爱情故事打动，相差50厘米的爱情本身就不被人看好，他还能如此坚持更令人动容。于是，调解员们都劝她好好珍惜这份难得的缘分。而她始终在台上历数他的种种不是，仿佛在她眼里他一无是处。看着她还在滔滔不绝地抱怨，一位调解员微笑着打断她：“他当初因为你而与父母断绝了关系，这充分说明他对你有多重视！这些年他又因为舍不得那张300元的火车票，10年都没回家看望双亲，以至于没能带女儿回趟老家成了他至今的遗憾，可见他对这个家的重视。他虽然没能给你锦衣足食的生活，却给了你他的力所能及。难道这些不应该被珍惜？你满眼看到的都是对方的缺点，为什么就不想想对方的好呢？婚姻生活本就平淡无奇，再加上生活琐事居多，这无疑会影响幸福的指数，但只要婚姻里的双方彼此能多念念对方的好，幸福感便会倍增。你说呢？”

听完调解员的一番话，回想起这些年他对家的付出和对自己的种种包容和隐忍，她终于明白自己以往是多么不应该。是啊，自己只看到了他的缺点，一直以来都忽视他的好，所以才有了今天的诸多抱怨，如今想想，实属不该。于是她在节目现场诚恳地向他道了歉，随后两人幸福地牵手回家了。

爱的箴言

人生在世，世事无常，爱情里的缘分亦是如此，缘起缘灭，皆有来由。当爱情到来时要相互珍惜，当爱离去时，要冷静面对。要时刻记得，不要因爱生恨，多看看对方的优点，让这份爱情留住一点美好的姿态，请不要留怨恨于心间。

你的好只有我知道

她和他是青梅竹马。

打小儿两人就一起上学，一起放学，一起写作业，一起玩耍，好得跟一个人似的。也正因为此，高中时同学们都笑他俩是天生的一对儿，她听了哈哈大笑："你们想多啦，他就是我最好的哥们儿。"她只顾与同学们说笑，却没有留意到他脸上划过一丝不易察觉的失落。

后来，他们报考了外省的同一所大学，她如愿以偿，他却因2分之差落了榜。按他的分数，足以上另一所重点院校，可他却要选择复读。她不解地问："两所大学名气相当，你为什么非要白白浪费一年光阴？"他笑："我不在你身边，别人欺负你了怎么办？所以，来年我一定要考上你所在的大学，继续做你的保护神。"她听了笑岔了气："你个呆子，我都成年了好不好？谁还需要你的保护啊？"他没有再接茬，只是表情变得凝重起来。最终，他说服了家人，选择复读。

第二年，当他真的考进了她的大学，她身边却已经多了一位玉树临风的男友。她指着他对男友说：“这是我发小，也是我从小到大的保护神。”她的男友潇洒地伸出手：“多谢老兄多年以来对我女友的照顾，以后这个任务就由我来接管啦。”而后，没寒暄几句，她和男友便借故离去。他怅然若失地看着她挽着男友的胳膊有说有笑、渐行渐远。

以后的日子里，她和他也经常在校园里碰面，只是她再也不会粘他，因为她要陪男友去操场打球，要陪男友去校外打游戏，要陪男友去图书馆查资料，要陪男友去食堂吃饭……她的课外生活被男友填得满满的，哪儿还能容下他一丝半点？所以即便是遇见他，她也都是急匆匆地打声招呼便擦肩而过，而后

风风火火地去陪男友干这干那。彼时，男友就是她的全世界。

然而，大三的下半年，男友开始对她嫌这嫌那，今天说她不会打扮，明天怨她不够温柔，后天又骂她笨得要死。而她每做一件事，都会被男友批判得一无是处。她不知道自己到底应该怎样做，才能让男友满意，每天都在战战兢兢、谨小慎微中度过。于是，他们的爱情里没有了阳光，仿佛整日笼罩在雾霾下，令人窒息。尽管没有了曾经的幸福与快乐，她却舍不得放手，因为将近三年的感情，有着太多美好的回忆。她想，只要她努力迎合男友，让他看到自己的真心，他便一定会回心转意。然而，她最终等来的却是男友提出分手。任她哭得昏天暗地，对方却是走得头也不回。

她病倒了，他在医院陪了她三天三夜。出院后她和他的关系再次紧密起来。只是每次都是她倾诉，他倾听。她跟他讲她和前男友的点点滴滴，每每说到伤心处，她便痛哭流涕，他则心疼地把她揽入怀中，告诉她："既然他不懂得珍惜你，那么便不配你为他流眼泪。"随后的日子里，他们又像以前那样亲密无间。

那天，她过生日，他请她吃饭。席间，他喝了很多的酒，而后第一次正式向她表白，他说他从初中时就爱上了她，整整爱了她八年，所以他才会不惜复读一年也要来陪她。可后来看到她有了自己的幸福，他原本打算默默祝福，却没有想到那个人根本不懂珍惜她，所以，他才有机会把埋在心底多年的爱说出来。听了他的表白，她哭得一塌糊涂："我没那么好，不值得你这样。前男友说过，我不漂亮、不温柔、不聪明……”他打断她的话，深情地望着她：“你的好只有我知道！也许你不够漂亮，但足够可爱，也许你不够温柔，但个性十足，也许你不够聪明，但绝对善良！你的这些好，别人看不到，我却尽收心底。所以，也许你在别人眼里不够好，但在我的眼里却是最好的！”听了他的真情告白，她泣不成声，原来，那个最爱自己、最懂自己的人就在身边，而她却视而不见，且还盲目地寻觅了这么多年。

是啊，“你的好只有我知道！”只有那个对的人，才能真正看到你的好。

爱的箴言

爱情在旁陪伴久了，时常忽略了它的存在，时常觉得自己感觉不到爱了，继而开始怀疑爱是否存在。可是当你擦亮眼睛，发现别人眼中的稀松平常，在这个人眼中却无比珍贵时，你就会发现，爱不是消失了，而是早已变得像呼吸一样不可或缺，无可替代了。

谁是最宠你的人

在一档电视寻人栏目中，一位身患绝症的女人在丈夫的陪同下，来寻找20年前的一个合作伙伴。

从女人深情款款的诉说中我们了解到，20年前，她曾在一家夜总会做歌手，也就是在那里，她遇上了令她终生难忘的搭档李先生。她说，李先生是一名出色的歌手，更是一位值得信赖的朋友，他不但性格豪爽、为人正直，且侠肝义胆，不管哪个朋友有事，他都会挺身而出，当年更是帮她摆平了很多难缠的事情，令她一直心存感激。所以尽管这些年，因种种原因与之失去了联系，可李先生却无时无刻不活在她的记忆里，她也会时常跟丈夫提起，还总拿丈夫与李先生做比较，如若丈夫哪点做得不好，她总会说，假如李先生在就好了，他一定会让她满意。

女人一直深情款款，话语里、眼神中尽显柔情。她说她这次来寻找李先生的目的，就是希望自己还能有机会与他同台唱首歌，这也是她有生之年最大的心愿了。女人没留意，她的话几次令身边的丈夫极为尴尬，可这个男人每次也只会憨憨一笑，借以掩饰内心的酸涩。主持人问女人：“这些年，你总对李先生念念不忘，你的先生会不会生气？”女人笑着说，自己的先生很大度，不会计较这些。可我分明感觉到，这不过是女人一厢情愿的想法罢了，试问，有哪个男人能大度到完全不在意自己的女人心里时刻装着其他男人？哪怕这份感情只是回忆。

更令人嘘嘘不已的是，当女人苦苦寻找的李先生终于出现在节目现场，见了女人，却根本想不起她是谁，经过女人的几番提醒，才勉强记起。而女人对此却丝毫不介意，依然在关于他们的回忆中神采飞扬、深情无限。特别当李先生答应与她现场同歌一曲时，女人居然像少女般的撒娇：“你以前就是这么宠我，顺着我。”闻听此言，李先生报以礼貌地笑，女人的丈夫却再一次面露尴尬。节目最后，女人如愿地与李先生深情对唱了一曲，了却了自己的心愿。

女人执着地追忆一段青春往事，的确令人感动，但真正令我震撼的却是她身边那个木讷的男人，他用自己无言的大度与隐忍，来成全妻子的心愿。当女人满怀甜蜜说李先生宠她的时候，其实她哪里知道，真正宠她的不是别人，而是她的丈夫，试问能容忍自己的女人在公开场合诉说对另一个男人刻骨铭心的记忆，这需要有多么博大的胸怀和深沉的爱？

看了这个故事，也让我不由想起了自己的一段青春往事。当年，在初恋夭折后，我又进入了另一份情感，可每每与男友在一起，我还是会忍不住想起初恋，也总会时常向男友说起那段曾经的甜蜜，还会跟他例数初恋的种种好。每次，男友总会笑吟吟地听着，很善解人意地表示理解。可终于有一天，当我再一次提起初恋时，他半认真半开玩笑地说："你知不知道有句话叫作'世界上最勇敢的事，就是笑着听你讲你与他的故事。'"男友的话令我心头一震，原来，当我沉浸在过去的情感中时，却忘了这对于现男友来说，是一种多么残忍的折磨、尴尬与心痛，而我，分明是在愚蠢地用一个早已不爱自己的人去伤害一个正在深爱自己的人！于是，从那以后，我再也不当着男友的面提起初恋，而是把那份美好的回忆，小心地雪藏在心里。

爱的箴言

或许我们每个人的生命中，都会有一段刻骨铭心的感情经历，但不管它令我们多么的难忘，都已属于过去。过去的已然过去，我们更应该珍惜的是现在的拥有，是那个愿意与自己荣辱与共，风雨同舟一生的爱人，也只有他，才是真正最在乎、最宠自己的人。

有一种妥协叫作成全

26岁的他是北京一家私企最年轻的高层管理人员，21的她则是一座美丽南方小城的一名学子，一个天南，一个地北。一次机缘巧合，他们通过网络相识并相恋。

随后的日子里，他们虽不能像别的情侣那样花前月下，卿卿我我，但那根长长的网线，就像一根象征爱情的红绳子一样，把两人的心紧紧地系在一起。一朵虚拟的玫瑰，一个温暖的拥抱表情，一样可以让他们把爱表达得淋漓尽致。

一年后，她大学毕了业，那原本是两人都期盼着团聚的日子，正当她收拾停当，准备去北京拥抱爱情时，父母却打来电话告诉她，他们已通过各种关系，好不容易为她争取到了一个出国读研的名额。在机会与爱情面前，感性的她原本打算选择后者，可他却认为，既然机会来之不易，她不应该放弃。于是，在他的支持下，她最终选择了出国。

在她出国的两年里，他每天给她发一封电子邮件诉说相思，每晚一个越洋电话道晚安，甚至两次漂洋过海去看她。也

正因为有着他这份始终如一的爱，才让她虽身处异国他乡，却从来不觉得孤单。

两年后，她读研回来，接到了上海一家知名企业的邀请函，那是一份与自己专业对口，且她特别喜爱的工作，更重要的是，上海是中国经济最发达的城市之一，在那里会有更大的发展空间。于是，权衡再三，她决定应邀去上海，这一决定，也就意味着他们还要继续异地恋。她希望他能跟她一起去上海。然而，早已在北京扎稳了根基的他，却不愿意舍弃自己好不容易才拥有的一切，到另一个城市从零开始，于是，他也竭力说服她来北京发展。最终，两人谁也不愿妥协，却又都说服不了对方。

为了能够让这份坚守了3年的爱情可以继续，他们决定找几位两个人共同的朋友，希望朋友们为他们指出这份感情到底该何去何从。

朋友们听了他们的故事，一致认为，无论如何，这份感情都应该继续，但大家都给不出两个人都满意的解决方案。这时，一位朋友建议他们去回忆两人的相爱历程，让他们重温两人走过的点点滴滴，希望他们能够从往日的温情里，再次感受一下曾经的甜美。当两个人都沉浸在美好的回忆中时，朋友趁机说："既然两个人曾经是那么相爱，而且如今依然深深地爱着对方，为什么就不能为对方做出一些牺牲呢？有时候爱情是需要妥协的。"听了朋友的话，两个人都为自己曾经的自私而感到内疚，并都表示愿意为了爱情而妥协，去对方所在的城市发展。看着他们幸福地相拥在一起，朋友们也都露出了欣慰的笑容。

有一种妥协叫作成全，当你成全了对方，也就成全了你们的爱情。

爱的箴言

有时候放弃一些东西是另一种得到，爱情里同样如此。世间一切得到也许都要付出相应的代价，而短暂的失去，会是长久的拥有，我们要把眼光看向自己所拥有的东西，而不要只看到那些我们舍弃的。

当自己都不爱自己时

她和他相识时，她已经是一位在商场中叱咤风云的女强人，他却只是一个刚刚大学毕业的毛头小伙。她的精明能干让他崇拜不已，而他的单纯可爱也让她心生欢喜，尽管两人有着9岁的年龄差距，而且她还是个单亲妈妈，但所有的障碍在爱情面前都是那样微不足道，于是在所有人的不看好中，他们毅然牵手步入了婚姻的殿堂。

婚后，他对她百般呵护，她感觉自己是世界上最幸福的女人：事业蒸蒸日上，老公体贴入微，女儿聪慧可爱，她就像一个命运的宠儿，羡煞旁人。

然而，婚后的第三年，一场意外的车祸让围绕在她身边的所有幸福都戛然而止。她在医院的病床上躺了整整一年，出院后，不但事业没有了，曾经的美丽和健康也不复存在，后遗症使她每天都不得不大把大把地吃药，身材严重走形。从昔日的女强人一下子变成了现在的模样，她的自信一落千丈。于是，她终日郁郁寡欢，对丈夫也更加挑剔，总是在家庭生活中制造这样那样的麻烦，来宣泄自己的情绪。

丈夫理解她的心情，更在乎她的感受，他希望自己的爱能够帮她重拾自信！因此对于她的无理取闹，他大多都选择隐忍与包容。然而他的包容并没有给她足够的安全感，相反却招来她变本加厉的折磨。

一晃10年过去了，他们的婚姻依然在，但没有人知道她的丈夫在这场婚姻中付出了多少，承受了多少。当别人问他为什么可以坚持这么久时，他淡然一笑："因为我爱她，所以娶了她，因为娶了她，所以就要一辈子对她好！"他的回答感动了所有人，唯独没有感动她，因为在这场婚姻里，尽管他忍了她十多年，但她并不买账，她总觉得他对她不再像以前那样好，而她把所有的原因都归结于自己的前后落差。

后来，因为一件小事，她居然提出了离婚，而他却舍不得放手。为了挽救他们的婚姻，他们上了一档电视调解栏目。

整场调解中，她始终愁容满面，哀怨满腔。听完他们的故事，所有人都被她丈夫17年的坚守所感动，都觉得他们这段婚姻真的很不易，应该珍惜。而她却坚持要离婚，当主持人问她为什么非要离婚时，她满腔哀怨地说："因为我现在早已不是当初那个女强人了，我身材走样，颜值下跌，感觉他也不重视我了，所以我们的婚姻已经没有存在的意义了。"

听完她的话，一位调解员笑了："其实，你说的这些都是源于你的不自信。你觉得自己现在颜值没了，身材没了，事业没了，所以不值得人爱了，其实你老公能够在这段婚姻中坚守17年，说明他的爱还在。你整场都在抱怨，可你的丈夫却没有一句怨言，这说明不是他不爱你了，而是你自己不爱自己了。如果想让你们的婚姻继续走下去，首先要改变的是你自己。从今天起，你要学会发现生活的乐趣，比如你可以走出家门去跳跳广场舞，去做做慈善，或者是和你老公来一次说走就走的旅行。当你走出家门后，你会发现阳光依然美好，生活依然美好。而当你热爱上生活时，你的心情也会变得美好，到那时你再看你的婚姻，看你的先生，你就不会有这么多的不满和抱怨了，你的婚姻自然也就幸福了。"

听完调解员的一番话，她若有所思。她老公走过来握着她的手说："老婆，有我在，别怕！以前我有什么做得不对的地方，希望你能原谅，以后我会加倍对你好。相信我可以帮你走出心底的阴霾，让我们的婚姻更加幸福美好。”

听着老公的表白，她终于露出了笑容，但又在瞬间收起笑脸，而后万般委屈地对所有调解员说：“他还欠我一句话！”

“啊？”她的瞬间转变让调解员们很是诧异，随即恍然大悟，异口同声地问：“你老公欠你的是三个字吧？”她老公立即说道：“老婆，我再加上两个字，我永远爱你！”老公的深情表白让她瞬间笑颜如花。

最终，她和老公牵手言和。调解结束时她表示，以后她一定要做一个自信而自爱的女人，好好地享受生活和婚姻的美好。

是啊，当一个人连自己都不爱自己时，眼睛就看不到爱，心也感受不到爱，于是生活就只剩下抱怨。所以，从现在起做一个自信而自爱的人吧，因为幸福绝不会辜负一个热爱生活的人！

爱的箴言

一个人如果不爱自己、失去自我，他也将失去被爱的光彩。在学会如何爱一个人之前，先学会好好爱自己，关爱自己的身体，提高自身心灵修养，多读书，做一个不卑不亢的人，这样当爱情来临的时候，才能散发别样的光彩。

善待曾经的爱人

她和他的婚姻是典型的父母之命、媒妁之言。

他们婚后白手起家，从摆地摊开始到一步步把生意做大。十年后，他们已经由当初不起眼儿的农民变成了繁华都市里的成功商人。

按理说，生活条件好了，家庭应该更幸福才对。可事情并没有向好的方面发展。随着生意越做越大，两人之间的分歧也越来越大，吵架几乎成了家常便饭。而随着矛盾的增多，他回家的次数越来越少。她知道他早已在外面金屋藏娇，可为了儿子，她还是选择了忍气吞声，好以此来保全家庭的完整。但她的隐忍并没有换来他的珍惜，相反，他最终向她提出离婚。

面对这样的结局，她无法承受，更不能接受。想想这么多年两个人一路走过来，经历过多少风风雨雨、坎坎坷坷，其中的艰辛数不胜数，好不容易苦尽甘来，她又怎甘心把这份来之不易的幸福成果拱手让于他人？所以，她坚决不答应离婚。

于是，随后的日子里，两人虽还同住一个屋檐下，却形同陌路。为了逼她离婚，他甚至公然把小三带回家，而她为了捍卫自己女主人的尊严，便与小三大打出手，最终的结果却是他伙同小三一起揍她。当遍体鳞伤的她目睹他携小三扬长而去时，内心的愤怒远大过于身体的伤痛。她咬牙切齿地发誓，死也不离婚，就是拖也要把他拖死，绝对不能让这个背信弃义的男人好过。

从此，夫妻俩犹如苦大仇深的仇人一般，见面就吵，关门就打。两个曾经相爱的人硬是把一个家弄得鸡飞狗跳，永无宁日。后来，两人为了来个彻底的了断，便来到了一档电视调解栏目。

女方的诉求依然是想挽回婚姻，男方却是宁死不肯回头。于是现场便出现了让人很无语的一幕：女人一再说她不会就此罢手，他不让她好过，那两人都别好过。男人更绝，把女人骂得一无是处，且流露出满脸的不屑与厌恶。调解员们从两人的陈述与表现中已经明了两人之间早已没了爱，决定劝离不劝合。他们劝女人，既然爱没了，就选择放手，因为死缠烂打不但不能帮她挽回婚姻，甚至会令对方更加厌恶和瞧不起自己，所以，与其没有尊严地乞爱，不如潇洒转身，开始自己的新生活。随后又劝男人，即便是爱不在了，也不应该选择伤害。毕竟对方是曾经的爱人，陪伴自己风风雨雨许多年，所以，看在曾经相爱的份上，也不应该去伤害。在调解员的耐心劝说下，两人最终都同意和平分手，并不再互相伤害。

爱的箴言

请善待曾经的爱人，善待那个把最好的年华给了你、曾经与你风风雨雨许多年的人，就算爱已不在，至少曾经相伴。所以，缘在，珍惜，缘走，祝福。

最美的爱情叫作回应

他遇见她时，已经是两个孩子的父亲。

原本，他以为他会像那个时代大多数人一样，守着一桩父母之命媒妁之言的婚姻和一个自己不爱的女人循规蹈矩、墨守成规地度完此生，可老天偏偏又让他遇上了她。她算不上漂亮，但气质非凡，最重要的是，她是个很有思想的女孩儿，两个人在一起，仿佛总有着说不完的话。于是，他明知自己已没有言爱的权利，却还是情不自禁地爱上了她，而她明知他是有妇之夫，却也同样爱得死心塌地。婚外情在20世纪70年代，是件足以毁灭一个人一生的大事，可为了爱情，他们已经疯狂到不管不顾。

当他的妻子知道他爱上了别的女人，便怒不可遏地闹到了他的单位，他也因此被单位开除，从一个端着铁饭碗的职工被打回了农村老家。为了争取自己想要的爱情，他决定离婚，妻子却死活不同意，碰巧此时，她怀了孕，面对这个突如其来的小生命，两个人都欣喜若狂，这可是他们爱情的结晶和见证啊，他们毅然决定生下这个孩子。于是，他离开了家，和她一起搬进了出租屋。

十个月后，她为他生下了一个儿子，两个人喜极而泣，他们发誓，一定要为自己的爱情斗争到底。可就在儿子还未满月时，她远在外省的母亲找上门来，硬要把她带走，而她拼命地抱着儿子不肯放手，她甚至跪下来恳求母亲让她把孩子也带走，可母亲说什么也不同意。母亲说，她迟早要嫁人的，带着孩子只能是个累赘。最终，她被母亲生生地拉离了他们的出租屋。看着她走时哭得撕心裂肺，他更是痛不欲生，可是，他知道自己没有资格出面去制止她的母亲带走她，因为，尽管她是他深爱的女人，可他却给不了她名分。

从此，他们唯一的联系方式就是书信。两个人在书信中述说相思，彼此承诺着地老天荒。那段时日，她的信成了他活下来的唯一支撑。然而，2年后的一天，他突然收到了她的一封绝情信，信中只有简短的一句话：“我结婚去了，照顾好我们的孩子，珍重！”随后，尽管他写了很多信给她，她却再也没有了回音。

万籁俱寂的他只好回归家庭，毕竟，他还是3个孩子的父亲。从此，他把对她的爱和思念深深埋在心底，没想到这一埋就是40多年。在他72岁那年，妻子病逝，他便萌发了找她的愿望，然而，此去经年，早已是物是人非，他不知她嫁到了哪里，更不知道她现在过得好不好，可无论希望多么渺茫，他却从来不曾放弃寻找她。

在历经了长达3年的苦苦寻找后，他终于通过媒体找到了她。然而，当他兴高采烈地去节目中与她相认时，她却早已认不得他是谁，直到他拿出他们当年的定情之物时，她才如梦方醒，并瞬间泪如泉涌。她说，当年她是迫于家人的压力才不得已远嫁他乡，虽然有了自己的家庭，可她却始终不曾将他忘记。当他得知她的老伴也已去世，便无比激动地在节目现场向她求婚，他说，他现在是自由身了，有权利带她走了，所以，他希望他们可以再续前缘，一起牵手度过幸福的晚年，并且百年之后两个人要合葬在一起，永世不分离。此时的她早已哽咽得说不出话来，主持人善解人意地说，她不必现在就答应他的诉求，可以下节目后好好考虑一下再做决定，而一直矜持有度的她却在此时无比坚定地说：“这个不用考虑，我答应！”之后，两个古稀老人幸福地相拥在一起，现场响起了经久不息的掌声。

我想，真正震撼和打动人心的不单单是他40多年来的坚守，更是她无比坚定的回应。她的一句“不用考虑，我同意！”是对他多年以来为爱坚守的一种最美的回应，倘若此时，面对他的痴心一片，她表现出的是瞻前顾后、犹豫不决的话，那么即便他再痴心，这份爱情给人的也仅仅只是一份感动，而缺少一种美感。因为爱情是两个人的付出，两个人的坚守，而不是一方的一厢情愿。

所以说，最美的爱情叫回应。

爱的箴言

爱情应该是流动的河水，连接着两颗心，是一颗心向着一颗心的呼喊，是两颗心亲密无间的回应。美好的爱情，会认真对待每一个微小的呼唤，不会让每一句爱的话语消隐于真空，让发出爱的人感觉到落空，爱与被爱就在这些微小的互动中展露无遗。

只因不愿错过你

她和他是美术学院的同学，也是一对情投意合的恋人，大学毕业后，两人又幸运地分到了同一所学校当美术老师。

他是那种很容易满足的男人，在他看来，此生能有一份自己喜欢的工作，一个能与自己琴瑟和鸣的爱人和一个温暖的家，便是他期望中的幸福了，而现状刚好满足了他的期望，所以在他看来，这便是自己最想要的生活。

而她却是个事业心很强的女人，虽然他们现在的生活比上不足比下有余，但她并不满足。在她的意念里，他们应该趁着年轻出去闯荡一番，而不是像现在这样安于现状，得过且过。尤其是每年一次的同学聚会，每每看到昔日不如自己的同学现在都在外面混得不错，她都有一种不可名状的失落感涌上心头，那个渴望去大城市打拼的念头也就愈加强烈。于是，她多次向他提出两个人一起辞职去深圳打拼，可每次都被他断然拒绝，他说理由简单而充足，如今的生活是如此稳定而幸福，这不知是多少人都羡慕不来的，为什么非要打乱这份安逸与恬静，去一个陌生的城市从零开始？

见说不动他，她决定先斩后奏。于是，她自作主张去找昔日的同学帮忙，在深圳给他们两人都找了一份很不错的工作，试用期月薪都是现在工资的双倍，她想，这样的优越条件，他没有理由再拒绝。然而，令她意想不到的是，无论她说破了大天，他依然不同意辞职去深圳，他说做美术老师不但是他喜欢的工作，也是他从小的梦想，他不愿意为了一份高薪水而舍弃自己的梦，所以，他绝不会辞职。她没想到他竟然固执到如此不可理喻的地步，他的安于现状对于她来说，就是不求上进，就是与时代脱轨。于是，一气之下，她便辞了职，并决定只身去深圳。她知道，这一走，他们的爱情也就到了穷途末路。

去往火车站的出租车上，她不能自已地哭了一路。她知道自己还是深爱着他的，可为了自己向往的美好未来，她还是决定放弃他们的爱情，她想，或许他们的爱情注定缘尽于此，这就是他们的宿命吧。

当她落寞地走向检票口，准备检票上车时，他却满头大汗出现在了她的面前，她以为他是来跟

自己做最后的道别，而他却举起手里的车票告诉她："就让我陪你好好冲动一回吧。"她惊在原地，有些不敢相信地问他："你不是不愿放弃自己喜欢的工作吗？"他无限疼爱地把她拥入怀里："傻丫头，我更不愿错过你，假如没有你，我做的饭给谁吃呢？我的生活又有什么幸福可言？所以，为了你，为了爱情，我愿意放弃我所不愿意放弃的一切。"

"假如没有你，我做的饭给谁吃呢？"他的这一句再也平凡不过的话，却令她瞬间泪如泉涌，也让她明白了，他之所以愿意妥协，愿意放弃一直以来的坚守，只是因为在这场爱情里，他比她爱他更爱她而已。

爱的箴言

爱情有时看起来没有那么轰轰烈烈，却可以持续散发力量。因为爱，所以一切都不是问题，也因为爱，所以情愿做以前不会做的事情。有句话说，真正身处爱情之中的人，可以把自己放得很低很低，爱情让人有力量做出这样的选择。

我要的幸福很简单

他和她的婚姻，是经历了双方父母长达3年的棒打鸳鸯后，才终得修成正果。

面对这份来之不易的爱情，两个人都分外珍惜。尽管婚后琐碎的生活给他们制造了诸多矛盾和烦恼，但爱情的甜蜜却足以冲淡所有的不如意。

两年后，随着女儿的出生，原本就不富裕的生活更显拮据。为了改变现状，他毅然携妻带女去北漂，立志要在北京打拼出一片属于自己的天下，给妻女优越的生活和一个幸福的家。

刚来北京的日子极其艰难，一家三口租住在一间8平方米的小出租屋里。一张床，一套简单的厨具，一台花50元钱买来的二手黑白电视机，就是他们全部的家当。白天，他去朋友的工地打小工，她就在家里看孩子。为了节省开支，她总是精打细算把开销降到最低。日子虽然清苦，但甜蜜的爱情却让他们感觉自己富有而幸福，那间8平方米的小屋里，也总是飘扬着欢声笑语。

辛辛苦苦打拼了3年，手里终于有了些积蓄，他便从朋友那里辞了职，自己租了个小门面，做起了建材生意。由于原来干的就是装修，做建材对他来说简直就是轻车熟路，再加上他的努力和诚信，很快就把生意做得风生水起。不到两年，他们就在北京买了房，还有了私家车。

日子一天天好起来，她的笑容却渐渐少了起来。自从做起了建材，他再也难得在家吃顿晚饭，刚开始是忙着开拓市场，后来又忙着扩大经营，尽管每天晚上她都还会像以前一样做好饭菜等他，可等来的多数却是失望。每当此时，她就会想起在那段艰苦的岁月里，每天晚上一家人围在一起喝粥吃咸菜的温馨场景。而今，每当看着自己辛辛苦苦做好的丰盛晚餐由热变凉，她的心也由暖变冷，她不明白，日子好了，为什么幸福却没了？很多时候，她都想对他说出自己的心里话，可每当看到他回家异常疲惫的模样，她都欲言又止。

面对她的变化，细心的他也觉察了出来，可他不明白她为什么不开心。如今的他虽不能说是功成名就，但也算是春风得意，不但给了她优越的生活，也能让她再也不用为钱发愁，可以随心所欲买自己心仪的东西，最重要的是他还一如既往地深爱着她。小日子过得如此舒心，她应该倍感幸福才对，为什么反倒每天都闷闷不乐呢？这让他很是费解。

终于有一天，面对她幽怨的神情，他再也忍耐不住，很小心地问自己是不是哪儿做错了，还是做得不够好，才让她每天如此不开心。面对他的疑问，她泪流满面："我知道你每天辛苦地打拼，都是为了让我和女儿能过上好日子，可你知道吗？这样的生活并不是我想要的，我不求什么大富大贵，更不稀罕什么豪宅名车，所以，即便你挣再多的钱回来，我都不会快乐！我多希望我们还可以像从前一样，尽管生活不富裕，你却可以每天都按时回家，陪我和女儿开开心心地吃晚饭。那种温馨的场景很久都没有了，让我好想念啊！钱可以买来舒适，却买不来舒心，爱要有你才完美，家要有你才温暖，我要的幸福很简单，你懂了吗？”

她的话让他惊在原地。一直以来，他自以为用自己的努力给了她优越的生活，便是给了她满满的幸福，却不知道原来她认为的幸福只是每天可以陪她吃顿饭！可自己这些年因为忙生意，几乎都没有时间好好陪她在家吃过一顿饭……想到这里，他愧疚不已，一把揽过妻子，动情地说：“老婆，以后无论有多忙，我都会按时回家陪你吃晚饭。”她依偎在他怀里，幸福地笑了。

爱的箴言

幸福其实很简单，有时一起上下班、一起吃饭、一起散步就是幸福，简单到只需陪伴而已。幸福是一种感觉，你感觉到了，便是拥有。珍惜全部的拥有，就是最幸福的人。

爱情不是交易

他上大三那年，经同学引见，认识了只身在同城打工的她。娇小可爱的她令他一见钟情，而才华横溢的他也令她倾心不已，两个人自然而然就成了一对恋人。

相恋了一年后，他大学毕了业，她就领他去老家见自己的父母。本来她父母听说女儿找了个大学生，还挺高兴，可当得知他家境一般时，便坚决反对。他们说希望女儿能找一个有钱的男友，这样不但女儿日后能过上好日子，还能帮衬一下他们这个贫寒的家。经不住父母的再三劝说，意志不坚定的她还真就听从了母亲的话，向他提出了分手。

面对她的绝情，他很是伤心。他对她说，虽然自己现在给不了她想要的生活，但一定会通过自己的努力给她一个幸福的未来。然而，面对他这个无比诚恳却又显得极其空洞的承诺，她摇头了。她说她是农村人，她过怕了苦日子，在她很小的时候就下了决心，长大一定要成为一个城里人。所以，她发奋学习，期望能用知识改变自己的命运。可老天偏偏捉弄人，竟然让她因为两分之差与自己心仪的大学失之交臂。贫困的家境又无力供她复读，如今，她只能通过婚姻来扭转自己的命运。所以，除非他可以在城里给她买套房子，否则，两个人只能就此别过。说完，她头也不回地走了，只给他留下了一个美丽的背影和一地的伤痛。

失恋后的他虽然很是痛苦，却没有颓废。他把这次情感的挫败化为一种动力，拼命地工作，他想只要自己能混出个人样来，就能把她重新找回。

一年后，他终于凭借自己的能力和打拼，在一家私企有了一份收入很不错的工作。于是，他决定去找她，他要告诉她，请她再给自己三年的时间，三年后，他一定会给她买一套心仪的大房子，让她实现成为城里人的梦想。可她却给了他一个致命的打击："人生能有几个三年？我等不起。况且我已经有了男友，而且马上就要结婚了，他给了我们家不菲的彩礼，这些钱足够我供弟弟上大学了，他还给我在城里买了套大房子，而这些，你现在都给不了我，所以，我们不可能在一起，你还是走吧。"他没想到曾经那么单纯的她会变得如此物质，却还是不肯死心。于是，他问她爱现在的男友吗？她回答说不爱，但他可以给她想要的生活。只要一结婚，她就可以从此与农村说拜拜，做一个她期盼已久的城里人了。她说这些话的时候，脸上始终洋溢着无比兴奋而憧憬的灿烂笑容，完全没有顾忌他一脸的忧伤与落寞。

听完她的话，他像看一个怪物似的看着她。这还是原来的她吗？曾经的纯真和善良都哪儿去了？为什么现在变得如此陌生？当他怀着满腔的悲愤问她，假如自己现在能够给她所想要的一切，她还会不会回到她的身边，她说如果是那样，她愿意。可他却决绝地说："对不起，我不愿意。"说完，便大踏步离去。她的贪彻底寒了他的心，如此物质的女人，不值得自己留恋。

两年后，她因忍受不了丈夫的花心和家暴而离婚，身心俱损的她又回到了农村老家去疗伤。

后来她从朋友那里得知，现在的他已是公司的高级主管，一年的年薪就可以在这座城市买一套很大的房子，而且，他还有了一个幸福的家。他的幸福更加剧了她的伤痛，她想起了自己两年前的绝情和愚蠢，不禁潸然泪下。如今的她不知该痛恨命运对自己的捉弄，还是该痛恨自己的无知和短浅。她为了房子牺牲了自己的爱情，同时，也错过了自己一生的幸福。

爱的箴言

爱情不是算账，要分清利弊才能在一起。更不能因为功力角度的利害关系，折损了对爱情的坚持。等到有一天大梦方醒，才发觉，原来幸福近在咫尺的时候，我们总看不清它是什么，当它离开了，我们才摸着心痛的地方恍悟：我曾那样接近过幸福。

你若芬芳，蝴蝶自来

她和他认识时，两人均已离异。也许是同病相怜的缘故，他们相谈甚是投机，后来自然而然地相恋了。

然而，他们的恋情却遭到了他家人的极力反对。他的家人自始至终都不同意他离婚，所以，对于她的到来，他家人态度极其冷淡，他父母甚至当着她的面说前儿媳是如何如何好，希望儿子能和前妻复婚。他父母的立场令她很尴尬，更委屈，她多希望此时他能够站出来为她说句话，可是他没有，面对父母的数落和话里带话，他只是低头闷声不响。他的态度令她很失望，而她父母的话更加刺激了她的自尊，使她暗暗发誓，就凭着他父母对她的这份不认可、不尊重，她也要力争打赢这场爱情保卫战。

可想而知，随后的日子里，她在他的家里是如何饱受排挤，可她还是耐着性子尽力与他的家人和睦相处。然而，即便这样，矛盾还是时常发生。为了避免不必要的矛盾，她要他与她一起出去打工。为了不惹父母生气，也为了不让女友受委屈，更为了避免自己在中间为难，他同意了她的提议。两人一起去了深圳打工。

可远离了他的大家庭，他们的关系并没有因此而和睦，相反，两人分歧越来越多，矛盾也越来越多，吵架成了家常便饭，一点点的小事她都会闹得鸡飞狗跳，有时候甚至会用一些极端的行为逼他妥协，比如哭闹，比如自杀。她的极端行为慢慢磨灭了他的耐性，让他也对他们的爱情产生了质疑。于是，在一次大吵之后，他选择了不辞而别，回了老家。气急败坏的她也跟着追回了他老家，但她并没有心平气和地与他沟通，反而采取了更极端的方式：烧了他的衣物和棉被，以此逼迫他同她结婚。毋庸置疑，她的这一做法非但没让她如愿以偿，相反遭到了他父母的坚决反对，他的母亲甚至用自杀的方式逼迫儿子赶紧与她分手。而她的做法，也让他产生了深深的恐惧感，以至终于下定决心要与她分手。

为了挽救这份爱情，她走进了一档电视调解栏目，希望专家们帮她化解他们之间的矛盾，好让他们继续走在一起。

整场调解中，她都在极力挽留，而他却是铁了心要走。此时的她显得那样卑微，为了留住一份自认为对的爱情甚至不惜把自己低到了尘埃里，而他却丝毫不为之所动，因为她的极端已经给他的心里造成了很深的阴影，所以这份感情，他坚决不要。她哭得泣不成声，他却一脸冷若冰霜。这时，一位女专家对她说："爱情不是求来的，当一份爱已经成为一种伤害，当对方走得毫无留恋，那咱就果断放手。从此，做最好的自己，把自己变得美好起来，还愁没人欣赏你，没人给你一个家吗？”

专家的一席话终于让她如梦方醒。随后，她的态度来了一百八十度的大转弯，不仅坦然地接受了他的分手诉求，还真诚地祝他早日找到自己的幸福。节目的最后，她向节目组保证，从此刻起，她一定要重拾自信，做最美好的自己，而后，静等那个对的人出现。她的话赢得掌声一片。

爱的箴言

爱情是求不来、更强迫不来的。如果你想拥有美好的爱情，那首先要把自己变得美好。正所谓“你若芬芳，蝴蝶自来”。当你自己变得无限美好时，还怕爱情不会来吗？

Part 03

时光往复，爱情美好如初

再热烈的爱情，也是在平凡生活的一蔬一饭、一言一行中更显动人。正是这些生活的琐碎日常，见证了爱情的温度。人生最美不过有人携手相伴，从风霜雨雪走向阳光普照，是这种恰到好处的陪伴，坚定无比的扶持相依，让我们有勇气带着爱情走向婚姻。时光往复，来去匆匆，改变了许多东西，哪怕容颜变老，青春不在，但爱情依然历久弥新。

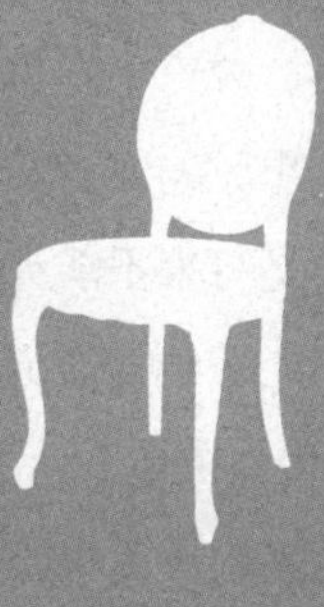

03

爱情没有回头路

18岁那年，她与一个街头小混混恋爱了，不用说，这份爱情遭到了家人的强烈反对。刚刚尝到爱情甜蜜的她自然不肯妥协，于是义无反顾地选择了坚守，她想，只要两人意志坚定，就一定能打赢这场爱情保卫战。然而，老天却跟她开了一个大大的玩笑，让她怎么也没想到的是，原本和她一样坚持的男友有一天却犹如人间蒸发一般，任她发疯似的通过各种渠道都打探不到任何音讯。那段时日，她心如死灰，同时，也对爱情充满了质疑。

转眼三年过去了，男友依然没有任何消息。彻底绝望的她终于听从了家人的安排，嫁给了同村一直喜欢她的峰。峰家境也算不上富裕，但为人忠厚老实，又勤劳能干，在她父母看来，跟着这样的人，即便是将来不能大富大贵，也必定不会受苦。而于她而言，既然不能嫁给初恋男友，那么嫁谁都一样，所以，对于这桩婚事，她也痛快地应允了。

正如父母所料，婚后的她被丈夫当成珍宝一样的疼，田里的粗活累活从不让她干，就连家务丈夫也是大包大揽。丈夫的疼爱让她多少有些感动，却很难滋生爱意，因为她的心里依然装着初恋男友，在她看来，初恋男友才是她今生唯一的真爱，而丈夫，只不过是与她搭伴过日子的人而已。

她以为，她会这样毫无激情地与丈夫相守一生。却不曾想，就在女儿一岁那年，初恋男友如同当年突然失踪一样，骤然从天而降！当西装革履的初恋出现在她面前时，她仿若做梦一般。那天，初恋把她约在一家极为高档的饭店，并道出了当年之所以离开的原因。原来，当初她父母的坚决反对令他对这份爱情充满迷茫，他清楚地知道，要想赢得这份爱情，就必须先让自己优秀起来，只有自己具备了给她幸福的条件，他才能够顺利地拥有这份爱情。于是，深思熟虑之后，他决定瞒着她先去打拼自己的事业，待事业有成之日，也是他重新回来找回爱情之时。五年来，他吃了不少苦，受过不少罪，每当心灰意冷时，便用他们的爱情当动力，激励自己继续打拼下去。如今，他终于靠自己的努力在深圳打拼出一片属于自己的天下，所以便信心百倍地来找她，没想到她却早已为人妻，为人母。说完，他满脸的失落与忧伤，但随即又对她说，只要她肯离婚，他依然愿意娶她，带她走。

面对这份迟来的解释和迟来的爱，她的心情犹如过山车般大起大落。平心而论，如若是五年前，她定会跟随初恋一起海角天涯，哪怕是穷苦一生，她也义无反顾。可现在她已不是原来的她，她还有资格去继续这份爱情吗？他看出了她的犹豫，继而无比坚定地告诉她，在他心里，她还是当初的她，他对她的爱也依然如初。他的信誓旦旦终于打消了她的顾虑。最终，她决定抛夫弃女，投入初恋的怀抱。

当她提出离婚，丈夫峰一脸悲伤，却还是温柔地对她说，只要她觉得幸福就好，他尊重她的决定。于是第二天，他们去民政局办了离婚手续。走出民政局时，峰把一张银行卡塞进她手里："这钱你拿着，就当是我为你准备的陪嫁，倘若有一天过得不好，你可以随时回来，我和女儿时刻欢迎你回家。"峰的举动让她再一次心碎，她知道，那是他们这些年的全部积蓄，她没有想到峰会用这种方式为他们的婚姻画上句号！她把银行卡重新塞给他："这钱我不要，你留着和女儿好好生活吧。"峰依然无比笨拙地说："我有手有脚，怎么也不会让女儿饿着，倒是你，只身在外，一定要照顾好自己。"峰的话让她瞬间哽咽，这个老实巴交的男人，从来不会说一句浪漫的话，却总是以这样一种实实在在的方式守护在她的身边，她虽对他充满感激，然而，这终不是她所想要的爱情。于是，她最终还是逃也似的离开了。

她随初恋到了深圳，并开始筹划他们的婚礼。初恋说，这些年，她受了太多的委屈，他一定要给她一个隆重的婚礼。听着男友的深情告白，她的心像蜜一样甜，可转瞬间却又被一种深深的惆怅感所代替，是的，她想起了千里之外的前夫和女儿，她是把自己的幸福建立在了他们的痛苦之上啊，这样的幸福让她如何安心消受?

随着婚期的临近，她越发思念前夫和女儿，这些年前夫对自己的种种好，犹如过电影一样，一幕幕进入她的脑海，女儿的笑脸更像一把利剑，令她痛彻心扉。于是，渐渐的，萦绕在她心间的不再是对新婚的憧憬，而是对过去生活一种难以割舍的思念与依恋，曾经的婚姻虽没有像初恋般那刻骨铭心，却实实在在地一步步占据了她的心。前夫的好，女儿的可爱，在现在的她看来，远比自己一直向往的爱情更重要、更温暖。

于是，婚礼前一日，她给初恋留下一封信，做了落跑新娘。因为她终于明白，初恋只能是她的一份念想，而前夫才是她最需要的归宿。

爱的箴言

回不去的是从前，生命中有些人一转身就是一辈子，所以爱情根本没有回头路。

寄存一个梦想给未来的你

2014年4月11日的《中国梦想秀》舞台上，来了一个美丽如花的女孩儿，她刚一上场，阳光般灿烂的笑容便感染着在场的每一个人。她自我介绍说她叫冯莹，来自河南郑州，她还很幸福地告诉大家，她是一个刚结婚不到一个月的新娘，和老公很相爱，此次随同她一起来的就是她亲爱的老公和家人。当主持人让她说出自己的梦想时，她却请求主持人允许自己先把梦想寄存在这里，还要求主持人把她的老公和亲人全部带离现场。等主持人按她的意愿一切安排就绪后，她才面带微笑说出了自己的梦想："我的梦想是给我的老公找一个成熟、贤惠、懂事、孝顺的老婆，和他牵手走完一生。"此言一出，全场哗然。

紧接着，冯莹用很平和的语气告诉大家，她是一个恶性肿瘤患者，明天就要到北京做第二次开颅手术了，医生说这次的手术成功率仅有20%，她唯恐自己明天下不来手术台，所以才决定走上《中国梦想秀》的舞台，希望能在这里寄存自己的这一梦想，送给以后的老公。说这些话的时候，冯莹一直面带笑容，神情很是坦然，她说她不惧怕死亡，但她却怕失去老公。她说老公对她太好了，所以，她舍不得离开他。接着，冯莹向大家讲出了她和老公的爱情故事。

冯莹和老公杨海斌是通过微信摇一摇相识的。那是在冯莹住院期间，有一次因为头疼得睡不着觉，便怀着好奇心试着玩儿了一下摇一摇，没想到却摇出了自己生命中的挚爱。尽管杨海斌从一开始就知道冯莹是一个身患绝症的女孩，却还是义无反顾爱上了她，并且不顾家人的强烈反对，偷偷拿出户口本和冯莹领了结婚证，当他父母死活不同意他娶冯莹时，为了能够说服父母，杨海斌甚至在地上整整跪了一天，他的执着最终打动了父母。婚礼当天，面对这份来之不易的幸福，杨海斌哭着拥着冯莹说："以后有我杨海斌的地方，就是你冯莹的家！"

婚后，杨海斌对冯莹更是呵护备至，疼爱有加，他会把自己的第一口饭喂给老婆吃，他会每天给老婆洗脚，他会每天背老婆上下楼，他会每天变着法儿地哄老婆开心……甚至为了凑齐老婆

第二次手术费用，已准备卖掉两人的婚房！老公的深情让冯莹感到无比感动和幸福，她说，她总觉得老公就是上天专门赐给她的一样，此生有夫如此，她觉得自己很知足，也很幸福。

冯莹和杨海斌的故事感动了所有人，梦想助力的三家企业也纷纷表示愿意承担冯莹全部的医疗费用，直至手术成功。冯莹用自己的善良，赢得了命运对她的垂怜，更是因为她对爱情的至死不渝，感动了在场的所有人，最终她的手术也获得了成功。

我寄存一个梦想，给未来的你，只希望在没有我的日子里，还有一个人能够像我一样爱着你，照顾你，给你开心，给你幸福！这是一个多么震撼人心的梦想，这是一份多么深沉真挚的爱情！虽然不敌梁祝的凄美、孟姜女哭倒长城的悲壮，却也是现实版最美的爱情故事。

对于冯莹，我们唯有祝福！

爱的箴言

死生契阔，与子成说。执子之手，与子偕老。这几乎是完美爱情的最好诠释。既然选择了相伴一生，就不会轻易松开那紧握在一起的双手。时间也许会改变一些东西，但是冲不散对爱情的坚守。当我们都选择了执手相依，那就让我们一起勇敢面对生活的喜怒哀乐。

初恋是那拾不起的旧梦

小西是河南人，大学毕业后远嫁河北，与老公经过十几年的打拼，终于混成了“有房有车”一族，这对于工薪阶层的人来说，也算很不容易了，他们虽不能算得上荣华富贵，日子却也风风火火。

然而，成天忙于上班的小西却很少能请下假回一趟自己娘家，甚至几年都回不去一次，对亲人的思念与惦念更是刻骨铭心。又一年春节好不容易请了一个月的“病假”，终于能见到日夜思念的父母了，那种激动兴奋的心情很是难以言表。于是，就在腊月二十八，她丢下老公和儿子，只身踏上了回河南的列车。

回家后的日子快乐而幸福，36岁的她在父母面前开心得像个孩子，尽情享受着这难得的幸福时刻。多年没回家过年的小西还联系上了高中时代几个比较要好的同学，在得知正月初七有个同学聚会时，她欣然答应了赴约。

令她意想不到的是，来接她的正是她的初恋肖辉，从他已

经发福的脸上依然能找出一些青春时代的影子。乍见之时，小西紧张而矜持，毕竟，两个人曾经有过那么一段纯真而热烈的初恋，从肖辉复杂的表情中，小西也读出了其内心的不平静。两个曾经相爱的人，分别了长达16年之久，再相见时的那种复杂的心绪是可以理解的，年轮已经在彼此身上留下了太多痕迹，岁月也无情地沧桑了彼此的脸，曾经的少男少女，如今早已为人妻为人夫了。

那晚的聚会短暂而快乐，多年未见，很多同学都几乎认不出彼此了，但谈及以往的那些美好回忆，也就很自然地拉近了彼此的距离。男生们都在高谈阔论，纷纷讲述自己在事业上取得的成就，女生也在开心地拉家常，彼此述说着自己的幸福生活，每个人的脸上都洋溢着灿烂的笑容。小西本来就很活泼开朗，在与肖辉初见时的情绪波动以后，她很快就恢复了常态，与阔别多年的同学们询寒问暖，却很少与肖辉说话，也许他们都在刻意回避着什么吧，只是在临走的时候，互留了联系方式。

以后的几天小西又开始忙着走亲访友了，常年不回家的她想做到尽可能地不失礼节。这样一忙碌，也就把肖辉忘到九霄云外了。不料有一天，却很意外地接到了肖辉的电话，肖辉刚开始一个劲儿向小西道歉，说这几天因为忙着各种应酬也没顾得上与她联系，请她谅解等等，而后又告诉她晚上有几个当初特别要好的同学想小聚一下，希望她能参加，随后还说了聚会时没去的几位同学的名字，听后小西便不加思索地答应了，想着有机会和老同学欢聚，心中自然很是高兴。

晚上，肖辉开车来接小西，看到车里空空，小西问其他同学呢，肖辉回答在饭店等候，小西没多想就上了肖辉的车。车子在县城的一家宾馆停下，肖辉告诉她他已定好了房间，同学们都在里面等着呢，小西尾随肖辉进了宾馆，当服务员打开房门之后，小西看到房间里并没有肖辉所说的同学，便把质疑的目光投向了他，这时候的肖辉显得有点尴尬地说："今晚就咱俩，我怕直接约你你不会出来，所以就撒了个谎。”看着肖辉一脸的不自在，小西也不知说什么好了，她突然间觉得房间里到处弥漫着暧昧的味道，再愚钝的女人也能想到今晚约会的性质了，可既然已经来了，她又怎能抽身而退？也只能故作若无其事。

刚开始两个人还只是客气寒暄，说一些久别后各自的生活状况，慢慢就自然而然地回忆起了那段难忘的初恋时光。回忆着曾经的幸福时光，两个人的心里都洋溢着温暖，借着酒精的作用，肖辉开始有点语无伦次了，他说当初他不应该离开，这么多年，他的心里一直不好过，因为当初年少不懂珍惜，他才伤害了小西，这么多年他都感到内疚与自责，他也一直试图打听她的消息，可真碰到了知道小西的人，他也只敢听一些近况，从来没有勇气去要她的手机号码，因为他不知道小西有没有原谅他，会不会接他的电话。同学聚会那天小西的出现，让他恍然若梦，尽管他们并没有过多的语言，但他知道，她对自己肯定已经没有恨了，所以也才有了今天的相约……听着肖辉的肺腑之言，看着他那越来越迷离的眼神，小西突然间有种莫名的情愫在心中涌动……

而就在此时，肖辉竟然站起来很冲动地抱住了小西。小西显然被肖辉的举动吓坏了，本能地反抗着，还一边慌乱地说着：“肖辉，别这样，我们都是有家室的人了……”然而，肖辉的拥抱反而更加猛烈，竟然让小西有了短暂的晕眩感……是啊，就是这个温暖的怀抱，曾经给了自己多少快乐啊，曾让自已多么陶醉和痴迷啊。想当初，她一直认为肖辉的怀抱将会是她一生的港湾，会为她的生命保驾护航，可就在她做着爱情美梦的时候，肖辉却选择了离开！当时小西没有问他要离开的原因，因为她知道，当一个人决定离开的时候，会找上千万个理由，但唯一的理由只是——因为不爱了。既然已经没有爱，挽留又有何意义？所以，小西什么也没说，便默然地转身离去，可当背对着自己深爱的人时，她却再也忍不住泪如泉涌……肖辉就这样走出了她的世界，给了他一份甜美的初恋，继而又给了她一个破碎的梦！远嫁他乡这么多年，时间早已抚平了曾经的伤痛，关于肖辉的回忆也渐行渐远，她甚至没想过还能相逢。

而今，在他炙热的怀抱里，小西有了刹那的悸动之后，转而恢复了平静。她很感谢肖辉还愿意给她一个拥抱——但也仅仅是一个拥抱！听着他的喃喃细语，小西的眼前浮现的却是体贴的老公和可爱的儿子的笑脸，是啊，自己已经不再是当初的那个不谙世事的少女了，早已为人妻为人母，而今她最应该珍惜的就是自己温暖的家，也只有那里才是自己一生的港湾……

想到这里，小西奋力地挣脱了肖辉的怀抱，看着跌落在沙发上的肖辉，小西平静地说："肖辉，你喝醉了！我们之间已是过去式，我很感谢你给了我一份美好的回忆，这辈子我都会小心地珍藏。但过去的永远都过去了，时间回不到原点，人也一样！你知道吗？当你放手的那一刻，我们的爱情故事已经画上了句号，如果说还能继续的话，就让我们以友谊开始吧！”

听了小西这番话，本来在酒精作用下显得很冲动的肖辉，也逐渐意识到了自己的失态，而小西的话也让他彻底明白，他们之间已经结束，有些事情是无法开始的，正如爱无法重来！如今，他们都已经有了各自幸福的家庭和美满的生活，又怎能因为自己一时的难以自制，把彼此平静的幸福打乱呢？想到这里，肖辉一脸的愧疚，却说不出一句道歉的话，只是很关切地说了一句：“夜深了，我送你回家！”看着肖辉真诚的脸，小西欣慰地笑了……

爱的箴言

当放下了曾经内心一直漂泊的动念之后，就会释然了。给曾经的记忆留下一份美好，不要去打破它，让一切都过去，化作生命里值得珍藏的记忆，足矣。

每个人都配得上最好的爱情

他3岁时父母离异，父亲再娶，之后他便过着爹不疼妈不爱的生活。15岁他便开始闯荡社会，之后的数年，他卖过报纸、擦过皮鞋、摆过小摊、做过饭店服务员，因为没有文化，他只能做那些不需要学历的工种以求谋生，虽然没挣到什么大钱，但也足以养活自己。

23岁那年，他在朋友的生日会上认识了她——一个美丽得宛若公主般的女孩儿。见她的第一眼，他便怦然心动，而她对他也颇有好感。随后，他们便开始了联系。

刚开始，他并不敢有太多的奢望。在他看来，自己一无所有，她愿意跟他做朋友他就觉得很是荣幸了，尤其是当他得知她不仅是大学生，而且还家境殷实，每个月的零花钱都抵得上他一年的收入时，他更是看清了两人之间无法逾越的鸿沟，所以尽管内心喜欢，他却从不敢表白，平时除了对她体贴入微地关怀之外，他并不曾有过于亲密的表示。倒是她，频频向他示好，甚至每次出去吃饭都是她抢着买单。在她眼里，虽然他只是个一穷二白的打工仔，但他淳朴、上进、真诚，符合她认为的好男人的一切标准，最主要的是他对她好，这对于她来说已经足够。

当有一天她突然对他说，你愿意照顾我一辈子吗？他有些不敢相信自己的耳朵，更不敢相信，爱情就这样毫无准备地降临了！但短暂的晕眩之后，他很快回到了现实中，他诚惶诚恐地告诉她，自己没有学历，更是一贫如洗，所以压根配不上她。而她却笑着说，我们有爱就足够。

幸福真的来得太突然，他做梦也不敢想，像他这样要啥没啥的打工仔，居然可以遇到这样一份美好的爱情。最令他感动的是，她是个特别有心的女孩儿，自从两人成了恋人之后，她

便很少进饭店，而是每次都主动拉他去吃路边摊，一碗8块钱的麻辣烫他们也可以吃得兴高采烈、津津有味；之前她去哪里都是打车，一个月光车费便抵得过他的工资，可自从跟了他，她总是主动要求与他坐公交。他知道，她所做的一切，都是为了他，这样的女孩儿，在如今的社会里，真的是打着灯笼都难找了。于是他在心里暗暗发誓，此生绝不负她，定要用自己一生的努力给她幸福。

然而，与他预想的一样，他们的爱情遭到了她父母的坚决反对。父母就她一个独生女，怎舍得让她跟着一个穷小子受罪？于是，为了能够让他死心，她母亲不惜用最刻薄的语言去打击他、羞辱他，这让他的自尊心受到了极大的伤害，于是便对她母亲做出承诺，为了她的幸福，他愿意放手。而倔强的她却选择坚持，为了和他在一起，甚至不顾一切地从家里逃出来要与他私奔。

女友对爱情的坚守，令他心痛和感动不已，但却依然没能给他与她一起坚持的勇气。他深知他们之间有着太大的差距，尽管他爱她，但他自知自己不能给她殷实的生活，与其让她跟着自己受罪，不如放她走，让她去寻找更好的幸福。所以，任她怎样挽留，他都不肯点头。无奈之下，她只好走进一档情感调解栏目，希望情感专家能够说服他回心转意。

听了他们的故事，所有人都被他们的爱情打动，也都认为他们应该走在一起，可他却依然摇头拒绝，拒绝的理由依然是自己配不上她，给不了她更好的生活。见他如此固执，一位情感专家说话了："男孩儿你错了，物质并不等同于幸福，用通俗的眼光看来，你们的确不般配，可你知道爱情是什么吗？爱情就是那个人无论你贫穷还是富有、健康还是疾病、顺境还是逆境，都愿意永远和你在一起，而这样的一个人让你如此幸运地遇上了，为什么要拒绝呢？你说你一无所有，我却不这么认为。你从15岁开始闯荡社会，为了生存尝试艰辛，就算再艰难你也从未怨天尤人，这说明你是个乐观向上的人；因为怕给不了对方好的生活而忍痛拒绝爱情，说明你是个善良的人，就凭这两点，你就配得上最好的爱情。所以，缘来，珍惜吧！"

专家的一席话终于让他放下所有的负担，与她幸福地牵手。

爱的箴言

爱情不是你能给对方什么，而是彼此都愿意与对方患难与共、风雨同舟！所以，我们每个人无论是贫穷还是富有，都配得上最好的爱情，关键是要遇到那个懂得欣赏你，愿意与你执手一生的人。

牵了手，便是一辈子

她嫁给他时，他一贫如洗。

婚后他们借钱开了一家小小的美发厅，因为待人热情，技术也好，他们的生意日益红火起来。3年后，他们已经从一个小小美发厅扩展成3家大的连锁店。

生意做大了，日子好过了，考虑到这几年妻子跟着自己没日没夜的操劳，他心中除了感激，更是心疼。于是他劝她适当放松一下，说店里的生意由他来打理，她平时没事可以多逛逛街，或者出去旅游什么的。老公的体贴自然令她很开心，想想这几年自己为了这个家打拼，着实是辛苦，再加上老公的美意，她也就欣然从命了。于是，她便很少再去店里，反正孩子有保姆带着，她就去逛街，找要好的姐妹打打麻将，日子过得舒心而惬意。

然而，不久她就发现自己出去打麻将不再是玩玩那么简单，而是已经赌博上瘾，不到半年的时间，她就输了30多万。和所有的赌徒一样，她越输越想翻本，但又唯恐老公知道，无法拿到钱的她只好出去借，借亲朋好友的、借棋牌室老板的、甚至借赌友的！于是不到两个月的时间，她不但没有翻本，相反欠下了30多万的赌债，在债主一再的逼债下，她才不得不将实情告诉了老公，知道了真相的老公大发雷霆，甚至动手打了她，于是她赌气跳了河，随即被尾随在后的老公救起。那天，夫妻俩心平气和地沟通了一个晚上，最后的结果是：老公同意给她还债，但她必须从此戒赌。

那以后，她的确在家里老老实实待了一个月。可一个月后，她再也经不起翻本的诱惑，再一次进了赌场。有了第一次就会有第二次，于是她背着老公又开始赌博。这次更惨，短短一个月，居然欠下60万的赌债。不用说，当老公知道了真相后，真的是恼羞成怒，不但打了她，还把她请出家门，最后还放下狠话："你这样的老婆我再也不要，你爱死哪儿死哪儿！"被老公轰出家门的她去了娘家，当母亲知道她是因为赌博欠下巨债才被老公赶出家门的后，不但没有安慰她，还说了一句令她更加伤心的话："你真的该死！"母亲的话让她万念俱灰，想想因为赌博给家庭造成的伤害，想想家人的遗弃，她便真的心灰意冷了，于是第二天出去买了安眠药准备自杀。细心的母亲看出了她的异样，便给他打电话说她有可能想自杀，让他赶紧来一下。

挂了电话他就急匆匆往岳母家赶，当见到妻子的第一眼，他之前满腔的怒火瞬间转化成了心疼，因为仅仅三天的时间，妻子居然苍老了许多，坐在那里傻乎乎的，不说话也不看他，妻子的模样吓着了他，那个时候他心里只有一个信念，那就是给这个自己爱着的女人以希望和依靠，他一定要帮她走出来，也一定要让他们的家庭重拾幸福。于是，他坐在她身边，给她讲他们初识的美好，讲他们创业初期的艰辛，讲赌博给他们这个家庭带来的伤害和困扰，讲出他对她的希望。她听着听着就泪流满面，于是她诚恳地向他说了对不起，他则温存地把她揽入怀中："债我替你还，但你从此必须戒赌！"她无限感激且坚定地点点头。

于是，他们的家又恢复了平静，他整天忙着打理生意，她则在家相夫教子。他看到她的转变，打心里感到高兴。可好景不长，她只坚持了短短的3个月，便又为了翻本去赌博，而这一次，她再一次欠下了高达30万的赌债。当债主再一次找到家时，他的愤怒无以言表。当时她还好并不在家，要不然，可能会再一次引起一场家庭风暴。一下午的时间，他都在考虑该怎样去面对她，平心而论，他依然爱着她，如果不是她痴迷于赌博，他们的家庭应该是何等幸福啊！想了整整一个下午，他想到的唯一可以挽救妻子的办法就是放弃这里的事业，带妻子到一个陌生的环境去，因为打麻将需要赌友，去一个陌生的环境，没有认识的人，妻子自然就没了打麻将的条件，只要能够让妻子戒赌，他愿意放弃现在的一切，重新开始。

于是，他把店转出去之后，便带着妻子天南地北地跑，一个地方从来不待够1个月。一年后，妻子终于戒赌成功，当他和妻子正准备返回家乡时，一次触动让他决定留在上海去创办一家戒赌中心。那是一个年轻的妈妈带着两个年幼的孩子告诉他，就在一个星期前，同样痴迷于赌博且还不上赌债的老公自杀了。这件事对他的影响很大，于是，他决定开一家戒赌中心，帮助更多的赌徒迷途知返，帮更多的家庭脱离苦海，走向幸福。

先后8年的时间，他拯救痴迷于赌博的人高达10000多人次。他的事迹也被广大媒体所关注。当别人问他，当初你老婆把家害成那样，你为什么还不跟她离婚，相反，为了拯救她不惜放弃自己的事业。他很动情地回答："因为我们是夫妻啊，既然牵了手，就不应该轻言放弃，特别当一方需要帮助时，作为爱人，一定要第一个站出来，因为你是对方最亲的人，如果你也选择了放弃，于对方而言，便是最深的绝望。"

是啊，他说的没错，既然一纸婚约把两人拴在了一起，那么从此就应该风雨同舟患难与共。所以牵了你的手，一辈子一起走！

爱的箴言

从青春年少到步履蹒跚，从红颜到白发，在彼此默默注视中慢慢变老，还有什么比镌刻着岁月冷暖的这份情更珍贵呢？爱就是用实际行动告诉对方，能给予的最好的东西，就是永不放下牵起的手，与你共度朝夕。

是谁横在你下一站幸福的路上

他认识她时，刚刚失恋。那段时间，他正每天都沉浸在曾经的恋情中，颓废而绝望，是她，用自己的温情帮他一点点疗伤。后来，两人顺理成章地成了恋人。

平心而论，她是个漂亮而乖巧的女孩儿，他原本以为，有了她的爱，他便可以彻底忘掉过去，有一个新的开始。

然而，他渐渐却发现，无论她怎样乖巧，也不管他怎样努力，都无法真正走出那份曾经的失意，前任女友就像一个永远也无法消除的烙印，深深地铭刻在他的心上。于是，他总会不自觉地按前女友的标准去塑造她。他喜欢前女友的短发，觉得短发女孩儿给人的感觉清清爽爽，朝气蓬勃，便要求长发及腰的她去剪成前女友的发型，尽管她有一万分不情愿和舍不得，却还是遂了他的愿，因为，她不但想用自己的爱医好他的伤，更渴望自己能够变成他喜欢的模样。她原本喜欢黑白色着装，他却喜欢她穿光鲜艳丽的衣服，她便从此改变了风格；她不喜欢运动，他却要求她去学游泳，因为他的前任女友就是个游泳爱好者，她便对他言听计从……相处一年多的时间里，无论他要求她做什么，或做出什么样的改变，她都会无条件服从。她明知他把自己当成了前任的影子，尽管心里很是失落和委屈，她却从不会违背他的意愿，她想，只要自己一心一意对他好，迟早有一天，他会彻底从过去走出来，全心全意接纳自己。

然而，尽管她对他唯命是从，却还是很难令他满意。无论什么事情，他都会拿她与前任做比较，比来比去，永远都是一个结果，那就是她永远没有他前任女友好。其实，每当看到她委屈地掉眼泪，他也心疼无比，可他觉得自己仿佛中了魔一般，总也挥不去前任的影子。

直到有一天，当他又一次拿她与前任做对比时，她积攒了近两年的委屈在顷刻间爆发了，在与他针尖对麦芒般地大吵了一架后，摔门离去。他没有追出去，他以为她还会像以前一样，气消了便会回来。然而，一个礼拜过去了，她依然没有音讯，这是以前从来没有过的事情。他感觉事情不妙，便主动打电话过去求和，而电话那端的她却很平静地告诉他："既然你无法忘记你的前任，那我只好让你成为我的前任。"她的话令他慌了神，也意识到了事情的严重性。为了挽留住这份爱情，他第一次低下头来向她认错，并保证以后尽量不再提前任女友，可此时的她已经对他不再抱有任何希望。他千方百计地挽留，她却铁了心要走。她说，这份爱情已经让她彻底死了心，也终于让她明白，爱人七分就好，剩下三分爱自己，当初正因为自己只顾奋不顾身地爱他，却丢失了自己，所以才会有如此结局。最后，她还善意地提醒他，希望他不要总活在过去，因为一个总是活在过去的人是注定没有未来的，所以，希望他在开始下一段恋情之前，先忘掉前任。

是啊，当爱已成往事，也许我们根本无法彻底忘记曾经有过的甜蜜，但至少别让它成为你下一站幸福的绊脚石。

爱的箴言

有时候，我们需要爱某个人，并且被某个人所爱，通过这些来学习爱自己的方法。不会爱别人的人，不可能正确地爱自己。在一份爱里，学会放下，学会勇敢地向前走，才能在下个转弯处遇见更好的爱情，更好的自己。

不要在爱情里三心二意

认识他之前，她刚结束了一段刻骨铭心的恋情。本来她和男友很是相爱，却遭到了男友家人的极力反对，尽管男友信誓旦旦地对她说，没有人能够阻止他爱她，他希望她不要放弃，同他一起坚守到他们的爱情拨云见日的那一天。虽然她知道男友说的是肺腑之言，她也的确舍不得这份感情，但对于两个人的未来，她并没有足够的信心，3年的时光都不能让他的家人接受她，她不知道这样的等待还要多久。于是她还是选择了分手，因为她始终认为，不被家人认可和祝福的婚姻是绝对不会幸福的。

而恰巧此时，他出现了，他的体贴与呵护，让她那颗受伤的心仿佛在瞬间找到了停泊的港湾。于是，她毫不犹豫地接受了这份新的爱情。相处时间久了，她发现他的确是个值得托付终身的男孩，因为他不但事业出色，情感细腻，最主要的是他是真心爱她，为了她，他可以去做任何事。他的真情令她感动，渐渐地，她也爱上了他，两人便顺理成章地同居了。

她本以为，这便是自己需要的归宿了。可不久她却发现，不管她怎样努力，都挥不去前男友的影子，无论高兴时，还是伤怀时，她第一个想到的还是前男友，尽管现任对她始终疼爱有加，呵护备至，但却给不了她喜欢的那种感觉，特别是后来现任因工作原因，对她稍有疏忽时，她就愈加思念前男友。于是后来，她开始背着现任偷偷与前男友频繁联系，他们经常QQ聊天，打电话互诉衷肠，那份被刻意尘封的爱情又开始复苏。她就这样在两个男人之间摇摆不定，不去取舍，也不想取舍，因为舍了哪一个，她都会心痛，所以就干脆维持现状。

她以为她做得滴水不漏，殊不知现任男友早已明了了一切。她的改变，他看在眼里，疼在心里，但始终选择了隐忍。直到有一次，她竟然背着他在医院里守护生病的前男友三天三夜，才让他忍无可忍。当他为此事对她大发雷霆时，她却理直气壮地说，她和前男友本来就感情深厚，要不是其家人不接受自己，他们早走到一起了，所以她去照顾他并没有错，是他自己太小气而已。她的话令他震惊不已，同时也彻底寒了他的心，于是，他决定结束这份感情。

当他收拾东西准备离开时，她才意识到事情的严重性，也才想起他种种的好。平心而论，她觉得他比前男友更爱自己，也更适合自己，如果真的失去他，她一定会后悔一辈子。于是，她放下身段，低声下气地求他留下，再给他们的爱情一次机会。而此时的他却去意已决，并很坚定地告诉她："我不止一次地给过你机会，可你并没有珍惜，我可以包容你的从前，也可以容忍你身上的所有缺点，但绝不允许你在爱情里三心二意！"说完，他摔门离去。直到此时，她才意识到，此生，她错过了那个最爱自己的人。所以，当你与一个人彼此相爱，就一定要懂得珍惜，千万不要等失去了才去后悔。

爱的箴言

爱情里需要拿一颗真心面对另一颗真心，是全然的付出与期待，全然的投入与热情。当时间覆盖一切的时候，唯有爱可以历久弥新。所以，有人说爱是自私的，但那不是占有之心，而是渴望爱的真心对爱的要求。

家是讲爱的地方

28年前，他27岁，她24岁，他们因志同道合而结为夫妻。彼时，两人都已是音乐圈里很有名气的歌手了，而他们也一度被誉为是“金童玉女”的完美组合。

然而，婚姻并不是童话，当生活中的鸡毛蒜皮破坏了曾经的美好，当锅碗瓢盆代替了以往的花前月下，浪漫便开始逐渐褪色。特别是两人长时间的朝夕相处之后，矛盾和摩擦也就随即而生。

他外表人高马大，却心细如发，她外表娇小可人，却是马大哈，所以家里事无巨细的都要他去操心，时间长了，他难免会心生抱怨。而每当面对他的指责，她便会委屈无比，婚前说好的呵护一生呢？说好的包容一世呢？为什么就这样轻而易举地被一纸婚约击成一片狼藉？于是，在生活的琐碎中，两个人也就免不了争吵。而每次吵完架之后，彼此都会觉得很受伤，却又都不愿低头。

就这样吵吵闹闹过了几年，他突然领悟到，原来婚姻中不是讲理的地方，因为很多琐碎的小事根本无理可讲，反倒他偶尔的一次低头，就能够很快化解一场不愉快，甚至是一场“暴风雨”。从那以后，他决定在家再也不讲理，只讲爱。只要两个人一有分歧，他不再想着以理服她，而是用爱服她，或轻轻拥抱一下，或者在她额头深情一吻，她便立马从悍妇变成了小鸟依人状。于是，自从他把“家是讲爱的地方”当作了自己的婚姻信条以后，他们的家庭就再也没有了硝烟，而是变得其乐融融。

婚后的第十个年头，出于对婚姻的真实感受，他写出了歌曲《知心爱人》，由夫妻俩一起去演唱，并不惜拿出两人所有的积蓄去做推广。很快，他们凭借着《知心爱人》红遍了大街小巷，而他们，也由曾经的各自单唱变成了最佳组合，并一度成为模范夫妻的楷模。

如今的他们已不再年轻，却恩爱依旧。在一档明星访谈节目中，当主持人问他们是怎样在婚姻里可以恩爱30年时，他由衷地说：“其实相爱很简单，相守也不难，只要你不把家当成讲理的地方，而是当成讲爱的地方，你的婚姻便是和谐的。”主持人接着问：“在30年的婚姻生活中，你们有没有过偶尔的动摇？比如在矛盾激烈的时候，有没有想到过离婚？”他笑了：“从来没有过，婚姻伊始我们就有了约定，不管任何时候，都不要说出那两个字，因为看似轻飘飘的两个字，却足以击碎两人之间所有的感情。婚姻是用来呵护的，而不是用来伤害的，只要你懂得呵护，你的婚姻永远都不会有危机。”

他的回答赢得了经久不息的掌声。而她在整个采访过程中，都显得那么安静且小鸟依人，从她看他的目光里，人们读出了崇拜，读出了爱，读出了“今生嫁你，是我选对的方向”。

他们就是著名歌手付笛声与任静夫妇，两个人用将近30年的时间，向人们证明了他们是一对最好的“知心爱人”。是啊，他说的没错，婚姻是用来呵护的，爱人是用来心疼的，婚姻生活中的两个人没必要非要去争个我对你错，如果你争得了理，却输了情，是不是得不偿失呢？所以，倘若可以让爱人幸福，让家庭和睦，我们低一下头又如何？

爱的箴言

家是一个讲爱的地方，不是一个讲理的地方。当夫妇之间开始据理力争时，感情便开始布上阴影。两人都会不自觉地各抱一堆面目全非的歪理，敌视对方，伤害对方，最后只能两败俱伤。所以夫妻两人只要互相体谅，相互关怀，爱就能长久。

爱情的模样

她是看着琼瑶言情小说长大的，所以，在她的意念里，爱情的模样就应该是琼瑶笔下所描述的那样，要么轰轰烈烈，要么浪漫甜美。懵懵懂懂的花季里，她无数次在心中憧憬过自己未来的白马王子，也向往今生可以有一场轰轰烈烈的爱情。

19岁那年，她恋爱了。男友并不是她理想中的模样，可他身上有一种令她为之倾倒的气质，更重要的是，他是个心地善良且很热心的男孩儿，总喜欢帮助别人。她能爱上他，就源于他的诸多善举。她想，这应该就是可以令她依赖一生的男人了。

可婚后，她却有着诸多的不如意，这些不如意，最终令她对自己当初的选择开始产生怀疑。他是那种特别木讷的男孩儿，从来不知道什么叫浪漫，就连她的生日，或者结婚纪念日之类的，他都想不起给她买束花，更不要说给她制造什么惊喜了。尽管她知道，他是爱自己的，有好吃的，他总会留给她，直到她吃不下，他才肯拿起筷子；只要她看上的服饰，无论有多贵，他眼皮都不眨就会给她买下，自己却两三年都不添置一件新衣；她要回娘家，他也会提前为她买来上等的礼品，好让她去尽孝；家务活他更是大包大揽，就连洗衣做饭，他都抢着去做。他的诸多好，她看在眼里，不是不知足，不是不感动，可是总还是缺少一点自己想要的那种感觉。她渴望的是那种山盟海誓般的激情，向往的是那种卿卿我我的浪漫，可是木讷的他却从不懂向她言爱，只是尽己所能为她做着一切，而这样一份无言的爱对她来说，是温暖，是感动，却不是幸福。所以，很多时候，她都想结束这段没有激情的婚姻，可每次看他为家忙碌的身影，她欲言又止，这样的一个好男人，她实在不忍心伤害。

一个礼拜天的傍晚，看他一个人在厨房里忙得大汗淋漓，她想过去帮忙，他却乐呵呵地让她去客厅看电视，说只管等着他做好出来享用就行。她只好退出厨房，继续蜷缩在客厅的沙发上，翻看着一些提不起兴趣的电视节目。最后，百般无聊的她决定出去走走。

一个人坐在小区的长椅上，看着来来往往的人，她依然感觉无聊之极。这时，一对老年夫妇在离她不远的长椅坐下，两人手挽着手，不停地聊一些生活中的鸡毛蒜皮，妻子讲得津津有味，丈夫听得聚精会神，还不时地飘来夫妻俩愉悦的笑声。其实，他们说的都是夫妻俩当年那些陈芝麻烂谷子的事情，甚至还会说起两个人年轻时的争吵。可此时，看着他们愉悦的交谈，听着他们会心的笑声，她感觉他们不是在谈自己的曾经，而是在讲别人家的有趣故事，那种幸福与平和，那种淡定与从容，让她为之动容。两位老人一直在回忆他们的过往，许多年一路走来的风风雨雨，磕磕绊绊，都化为了此时的幸福回忆。

夕阳西下，美丽的霞光洒在两位老人幸福的脸庞上，更是平增了一份美丽，她被这份美丽深深吸引住了。此时此刻，她豁然明白，原来这才是爱情最真最美的模样！此生能有一个人愿意与你风雨同舟、患难与共，愿意与你白头偕老、不离不弃，是件多么幸福而幸运的事情啊！

于是，他的诸多好，就像放电影似的，一幕幕在她的脑海里闪现。此时他才发现，原来自己一直追寻的最美爱情就在自己身边，而自己却一直都浑然不觉。想到这里，她起身回家，她要告诉他，他就是她这辈子最美的爱情，她愿意与他白首不相离。

爱的箴言

有时我们会怀疑爱情，因为它看起来并不如当初设想的那般精致和浪漫。我们以为爱情消失了，可是真正的感情就是这样手牵手，坦然地步入生活的巨流，把这毫不动人的日子走成一串风景，回头相望时，便会发觉，原来这所有的平凡生活，就是爱情。

妻子的愿望

他们是在一次旅行中邂逅的，见她第一眼，他便喜欢上了她的一双大眼睛，而她也对高大俊朗的他一见钟情，于是，两人自然而然相恋了。

然而，他们的爱情却遭到了她父母的强烈反对，因为他是外地人，而她父母就她这么一个女儿，当然不希望她远嫁他乡。为了表明自己对她的爱，更为了能够让她父母接纳自己，他毅然放弃了老家的工作，来到了她所在的城市发展，一切从零开始。他的诚意终于感化了她的父母，两位老人最终决定，只要他能凭借自己的能力在他们的小城买套婚房，便同意他们的婚事。为了能够早日娶她为妻，他就像拼命三郎一样，每天玩儿命的工作，给公司带来不菲的利润。他的勤恳和能力很快得到了上司的认可和赞许，并提拔他做了分公司的总经理。

随着职位的提升，他也拿到了不菲的年薪。3年后，他终于在她所在的城市买了一套宽敞的婚房，并与她举行了盛大的婚礼。新婚之夜，他拥着娇小妩媚的她动情地许诺：“我一定会给你一生的爱和一个幸福的未来。”

为了能够兑现自己的承诺，婚后的他更加努力。尽管他并不喜欢那无休止的应酬，尽管他也明显察觉到了她的落寞，可为了能够赚更多的钱，他不得不每天陪客户吃喝玩乐到深夜，甚至很多次，他都不知自己怎么回的家。第二天，面对她熬红的双眼，他万分内疚与心疼，却欲言又止，因为他想到自己对她的许诺，他一点也不敢放松自己，总会在心里说，等挣足了钱，让她过上最好的生活，他再抽时间多陪陪她。

转眼，女儿已经3岁了，尽管他们的生活水平已经是芝麻开花节节高，可他还是不满足，一如既往地忙碌着。而因为他的缺席，让她在衣食无忧的生活中倍感落寞。心情不好时，她就想向他发火，可当他疲惫的身影出现在门口，她满腔的哀怨又在转瞬间化为心疼，她自然知道，他所做的一切，都是为了给她更好的生活，她又怎忍心去责怪？

她28岁生日那天，他特意包下一个酒店为她庆祝生日，在宾朋满座的生日宴上，她宛如一个尊贵的公主一般。所有的朋友都羡慕她，说她是世界上最幸福的女人。他则幸福地望着她，眼睛里流露出满满的爱意，他以为她同样会给他一个幸福的微笑，可他分明看到的是她牵强的笑，以及笑容背后旁人不易察觉的淡淡忧伤。那一刻，他有些迷茫和不解。当她对着生日蜡烛虔诚许愿后，很多朋友起哄让她说出自己的愿望，而她却躲躲闪闪怎么也不肯说。于是众人便七嘴八舌地猜想着她的愿望，“你是不是想拥有一套豪华的别墅？”“是想再更换一辆豪车吧？”见她一直摇头，另一朋友说：“那你一定是希望拥有自己的一家公司。”听着朋友的猜测，她依然坚定地摇头，而后深情地望着他，幽幽地说：“其实，我的愿望很简单，就是希望我的老公能够每天少一些应酬，早点回家。”随着她话音落下的除了朋友们叽叽喳喳的哄闹声，还有他愧疚的眼泪。

她的话深深地触动了他。他原本以为，他在外拼死拼活地挣钱，能让她过上很好的物质生活，就是给了她最大的幸福，却没有想到，其实，她最想要的只是他的陪伴。那一刻，他终于明白，她要的幸福不是物质，而是他的体贴和关怀！他走上前去，深情地拥着她：“我答应你，从今天起，每天都早点回家！”

周围响起了雷鸣般的掌声，她则在他温暖的怀抱中，幸福地笑了。

爱的箴言

人生很长，数十载漫漫旅途；人生也很短，旦夕之间。每个人对爱情的期许各不相同，有人以为金钱才能带来高质量的爱情，而有人看来，简单的陪伴和相濡以沫的扶持才是爱的根基。不用期求金钱可以填满爱情，而应该安静下来倾听最接近爱的心声。

在爱情里遇见美好的自己

文字编辑：杨　静　韩　飞
美术编辑：刘晓东
插图绘制：朝禾动漫
封面绘制：鹿　果